HONGWAI PENDONGCHUANG
GANZAO JISHU JI YINGYONG

红外喷动床
干燥技术及应用

段续　李琳琳　著

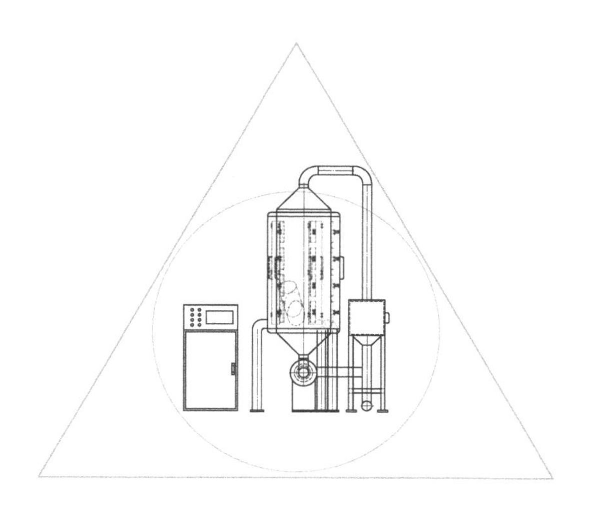

化学工业出版社
·北京·

内容简介

红外辐射干燥技术具有干燥时间短、物料加热均匀、温度易于控制、热效率高、能源成本低等优点，适用于形状不规则、结构紧凑的物料的干燥加工。著者团队提出以红外辐射加热和喷动床干燥为基础设计新的组合干燥技术，以有效改善单一红外辐射干燥方法的不足与缺陷。

本书主要介绍红外喷动床干燥机的设计与模拟计算，通过干燥怀山药、玫瑰花、鲜花生和香菇等具体的工艺实例，详细介绍了相关工艺的设计过程和参数选择，并简要分析了营养成分与工艺参数的关系。

本书适宜从事食品干燥以及相关设备开发的技术人员参考。

图书在版编目（CIP）数据

红外喷动床干燥技术及应用/段续，李琳琳著．—北京：化学工业出版社，2022.4（2023.4 重印）

ISBN 978-7-122-40850-1

Ⅰ.①红… Ⅱ.①段…②李… Ⅲ.①流化床-红外线干燥-研究 Ⅳ.①TQ051.1②TQ028.6

中国版本图书馆 CIP 数据核字（2022）第 033428 号

责任编辑：邢　涛　　文字编辑：袁　宁

责任校对：宋　夏　　装帧设计：韩　飞

出版发行：化学工业出版社（北京市东城区青年湖南街 13 号　邮政编码 100011）

印　　装：北京科印技术咨询服务有限公司数码印刷分部

710mm×1000mm　1/16　印张 11½　字数 201 千字　2023 年 4 月北京第 1 版第 2 次印刷

购书咨询：010-64518888　　售后服务：010-64518899

网　　址：http://www.cip.com.cn

凡购买本书，如有缺损质量问题，本社销售中心负责调换。

定　　价：98.00 元

前 言

红外辐射干燥技术具有干燥时间短、温度易于控制、热效率高、能源成本低等优点，适用于形状不规则、结构紧凑的物料的干燥加工。然而，红外辐射干燥技术也具有一定的局限性，在大规模食品干制生产过程中，红外射线往往只能对物料一面进行加热，在实际生产当中，需要不时翻动，或者多层分批干燥，干燥过程中均匀性有待提高。因此，著者团队提出以红外辐射加热和喷动床干燥为基础设计新的组合干燥技术，以有效改善单一红外辐射干燥方法的不足与缺陷。

本书著者多年来一直从事农产品干燥技术的研究，近年来承担的国家重点研发计划项目“果蔬干燥减损关键技术与装备研发 2017YFD0400900”、国家自然科学基金项目“怀山药多相态微波干燥质构形成机制 32172352”、“河南省引进国外智力专项 HNGD2021040”等相关研究内容都与电磁波辐射干燥相关，本书正是这些阶段性成果的初步总结，着重反映著者团队的研究成果，供国内外同行交流学习。

本书的主要读者对象是从事食品干燥的科技人员和研究生，注重学科交叉和技术的前瞻性探索，既属于食品加工技术范畴，又涉及工程技术领域，坚持科学研究与推广普及二者有机融合，在内容上充分考虑技术的前沿性，同时兼顾生产实际。

本书的主要内容包括 5 个部分：红外喷动床干燥机的模拟和设计；红外喷动床干燥怀山药；红外喷动床干燥玫瑰花瓣；红外喷动床干燥带壳鲜花生；红外喷动床干燥香菇。段续负责撰写本书第 1 章，李琳琳负责撰写第 2 章到第 6 章，全书由段续统稿，河南科技大学的硕士生朱凯阳、徐一铭、侯志昀、周四晴、张萌、马立等承担了大量的基础试验工作。在此，对于所有参与、支持、资助出版此书的个人和单位表示衷心的感谢。

由于本书介绍的内容多数属于著者近年来的科研成果，且正处于深入研发的阶段，而著者水平有限，因此书中不妥之处，恳请读者和有关同行专家批评指正。

著者

2021 年 12 月

目 录

第1章

概 述

1.1 红外辐射干燥技术概述

1.1.1 红外辐射干燥技术原理与特点

红外辐射干燥技术通过真空或空气介质以电磁波的形式传播能量，接收这种电磁波的物质将能量转化为热能，加快物质内部水分由内向外迁移速度，从而提高干燥速率，具有能量效率高、干燥时间短、物料加热均匀、温度易于控制、热效率高、最终产品质量好、能源成本低等优点，适用于形状不规则、结构紧凑的物料的干燥加工。

红外辐射按其波长可分为近红外、中红外和红外，它们都是电磁波。在物料干燥中主要使用红外线中的长波段，其波长范围为25～1000μm，能量主要以辐射形式直接作用于物料。由图1-1可以看出，在红外辐射中，由于红外线具有穿透性，使能量先在物料内部集聚，当农产品的原子、分子遇到红外线吸收其能量时，引起粒子的加剧运动，使分子的振动能级产生变化，从而使物料内部升温，物料外部由于水分的不断蒸发吸热，外部温度降低，形成内高外低的温度梯度。根据热力学第二定律，热量可以自发地从温度高的物体传递到温度低的物体。在此时物料中，热量以物料自身为传导介质，沿该温度梯度由内向外进行热量传递，进而实现对整个物料的加热。除此之外，农产品中绝大部

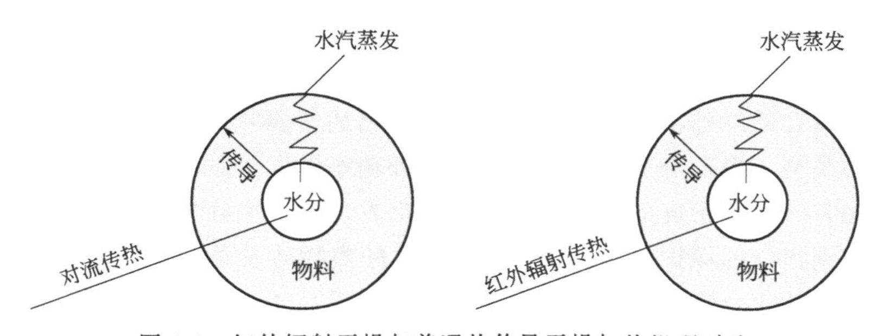

图1-1 红外辐射干燥与普通热传导干燥加热机理对比

分物料内部含水率比表皮含水率大，形成与温度梯度一致的湿度梯度。因此，在内高外低的温度梯度和湿度梯度共同作用下，红外辐射干燥可以大大提升物料的干燥速率。

与以热传导为加热方式的干燥技术不同，红外辐射干燥技术具有以下突出特点：

① 热损失小，易控制，红外辐射中不存在传热界面，提高加热质量，减少不必要的热损失；

② 传热效率高，红外辐射在不使物料过热的情况下，可以使热源达到较高的温度；

③ 热吸收快，节约能源，大部分农产品物料对红外辐射的吸收率较高，此时能量大部分集中在物料的吸收峰带，辐射能会被大部分吸收，实现较好的匹配，达到减耗的效果；

④ 加热引起食物材料的变化损失较小，红外线光子能量低，在加热过程中生物组织热分解小，物料化学性质不易改变，从而使得加热后的产品质量高。

然而，红外辐射干燥技术也具有一定的局限，在大量食品干制生产过程中，红外射线往往只能对物料一面进行加热，在实际生产当中，需要不时翻动，或者多层分批干燥，干燥过程中均匀性有待提高。

1.1.2 红外辐射干燥技术的研究现状

近年来，红外辐射干燥在干燥领域的研究和应用中得到迅速发展。红外辐射干燥技术已成功地应用于粮油、果蔬食品产业精深加工等领域。众多国内外研究人员针对红外辐射加热干燥蔬菜、水果、肉类、谷物等农产品干燥品质影响的研究，确定了最佳的操作工艺，为红外辐射干燥技术创新做出了巨大贡献。Boateng 等建立了描述莳萝叶红外干燥过程的扩散模型，研究了在三种不同红外辐射功率下的干燥行为。结果表明，红外加热功率是影响样品颜色发生急剧变化的主要因素，对干燥品质有严重影响，通过性能分析和对比质量变化，在最适合的红外功率强度范围内确定了描述莳萝叶样品的薄层干燥行为的最合适的模型，以及莳萝叶干燥的最佳红外功率强度。Bozkir 等通过研究对比不同干燥方法对橘子皮的干燥动力学，结果发现：真空红外辐射干燥技术对样品颜色起到很好的保护作用，维生素 C、总酚类物质及总类胡萝卜素含量损失较少，挥发性化合物含量最高，显著提高了干燥品质。

为了实现减损增效，开发红外辐射干燥技术多种用途，众多国内外学者通过改进工艺装备，减少产后损失，提出了将红外辐射干燥技术与一种或一种以上的干燥技术组合，形成新的低能耗、低污染、易操控、高效率的联合干燥技术。

1.2 喷动床干燥技术概述

1.2.1 喷动床干燥技术原理与特点

20 世纪 50 年代，加拿大学者 Mathur 和 Gishler 基于流态化技术，提出一种内部流动机制不同于流化的创新装置——喷动床。图 1-2 显示了从静止状态到完全发展的喷射状态的不同喷射阶段，可以很容易地识别到三个明显不同的区域：空气流过的喷动床的中心核心区域喷射区（Ⅰ）；喷射区与喷动床的壁面之间形成的环隙区（Ⅱ）；床层表面上方的固体颗粒被气流夹带，在重力作用下，像零星般雨点从环形空间向下流动，形成所谓的喷泉区（Ⅲ）。其工作原理是：气体由柱锥形的喷动床（内有物料颗粒，粒径一般大于 1mm）底部中心的气体喷嘴垂直向上射入，气体流速逐渐增加，持续向上吹起物料颗粒，当气体喷射速率足够高时将夹带物料颗粒穿透颗粒床层，在颗粒床层内形成一个迅速穿过床层中心向上运动的喷射区。物料颗粒穿过床层后达到一定高度时，随着气体速度的迅速降低，物料颗粒由于重力作用而像喷泉一样向周围降落到床层表面形成喷泉区。物料颗粒环绕喷泉区周围缓慢向下运动的颗粒床层称为环隙区。物料颗粒沿环隙区缓慢向下移动至床层下部后又渗入喷射区被重新夹带吹起，从而使物料颗粒在喷动床内形成了有一定规律的周而复始的内循环。锥形底座加强了颗粒运动的再循环，并防止潜在的停滞或死区。物料在喷动区是垂直向上运动，在环隙区内既有垂直向下运动，又有向着喷射区的径向运动。喷动床内的气流与固体颗粒两相间的流态化常常伴随着传热传质过程，而且由于装置内物料或物料团之间产生剧烈的流动，传递的强度往往会更高，这使得喷动床不仅限于农产品干燥加工领域，现如今已广泛应用于各种物理操作，如涂覆、加热、冷冻和造粒等。

喷动床干燥技术的主要优点：设备结构简单紧凑、易操作、制造成本低；快速有效，均匀性好；可以造粒、去皮、去壳及干燥粒状、糊状、浆状、湿度较大及热敏性的物料；高传热传质速率，物料床层内的再循环使微粒与热空气有规律地间歇接触，可提高能源效率和产品质量；调整参数和几何形状可控制物料在床层内再循环速度和停留时间等。主要缺点：出风温度较高，风量大，导致热损失大；操作物料有磨损。

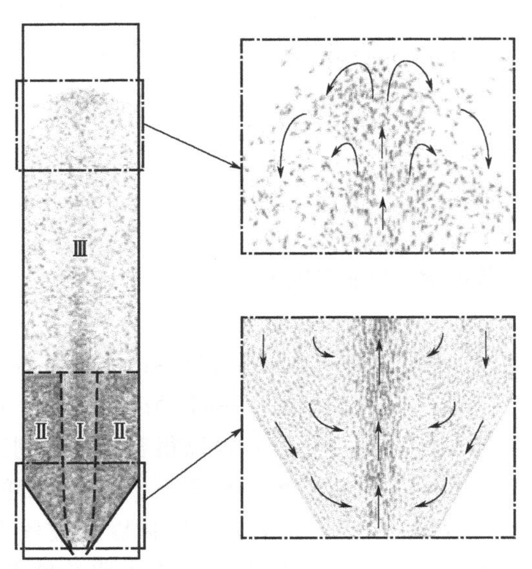

图 1-2 柱锥形喷动床循环喷动过程（Ⅰ为喷射区；Ⅱ为环隙区；Ⅲ为喷泉区）

1.2.2 喷动床干燥技术研究现状

喷动床首先被用作干燥黏性较大、不易流动和含水量高的小麦颗粒，物料在喷动床内的剧烈运动使得物料干燥而不被损坏。但是也存在一定的局限，由于不同规格物料、不同种类物料在形成稳定喷动流化态时所需风速不同，较高风速在带走水蒸气的同时也带走了大部分热量，带来较大的热损失。对此国内外诸多学者对喷动床进行了研究和改进。杨湄等在设计喷动床时添加了导向冷模试验装置，该设计明显提高了干燥效率。王宝群等采用狭缝式气体分布板对喷动速度进行控制，避免了喷动压力损失。Cárdenas-Bailón 等对比了带尾管和不带尾管的喷动床干燥器的干燥效果，未观察到干燥产品质量的差异，但带尾管喷动床较为节能，每千克干燥固体所需空气量降低 7.8%，使干燥更经济。此外，喷动床干燥还存在另一缺陷，其通过加热空气介质将热量传导给被干燥物料，此方式具有较低的热效率，因此需要高效加热的热源进行加热，以进一步在高效节能上实现突破。

1.3 基于红外辐射、喷动床的联合干燥技术研究进展

由于红外辐射干燥和喷动床干燥都分别具备各自优势，同时存在一定的缺

陷，为了解决干燥加工领域当前面临的高能耗、低品质的挑战，最大限度地减少产品退化和能源消耗是农产品脱水干燥加工必须解决的问题。因此，学者们在已有基础干燥技术及设备的基础上，不断创新加工技术，开发了多种基于红外辐射、喷动床干燥的联合干燥技术，以提高单一干燥技术的干燥效率，目前正被广泛应用于果蔬干燥工业。

章虹等将微波加热与喷动床干燥联合用于莴苣干燥，对比微波喷动干燥与热风、喷动、真空冷冻、真空微波干燥产品的品质，结果表明：微波喷动干燥莴苣的复水率、叶绿素含量、色差值和感官评定优于热风干燥、喷动干燥和真空微波干燥产品，在节约能耗方面有显著效果。范乐明等采用脉冲喷动微波负压干燥技术加工土豆片，与传统干燥相比，脉冲喷动微波负压干燥具有干燥周期短、产品干燥均匀性及品质较好等优点。李琳琳等将脉冲喷动床与微波冷冻干燥组成新的联合干燥技术，研究不同干燥工艺参数对怀山药干燥特性以及节能减损的影响，结果表明：与单一微波冷冻干燥相比，加入脉冲喷动床的协同干燥技术，不仅缩短了干燥时间，且对怀山药品质和温度均匀性有显著作用，同时降低了干燥能耗。

谢小雷等通过连续式中红外与热风干燥联合干燥，以牛肉干活化能、收缩率和感官评价为评价指标，研究结果表明，连续式中红外与热风干燥联合干燥能较好保留干制品的风味和颜色，降低了10.33%的活化能和57.14%的干燥耗时，生产量提高了2倍。顾震等研究发现热泵-红外联合干燥胡萝卜片所需时间和总耗能远低于热泵干燥。在农产品等湿物料的干燥加工领域，使用单一形式的干燥方法，很难达到最终产品要求，而将两种或多种不同干燥方法组合干燥能取长补短，达到单一干燥方法所不能达到的效果。干湿物料间相互渗透，避免了局部过热，热源被充分利用，质热传递效率高。张秦权等设计的红外联合低温真空干燥设备能较好地保留物料的总酸和总糖含量，提高干制品品质。刘振彬等使用红外-负压微波喷动干燥方式干燥以白鲢鱼和咸蛋清为主要原料的重组鱼粒，所得重组鱼粒松脆性好、口感好，品质最优，提高了白鲢鱼和咸蛋清的综合利用率。

1.4 红外喷动床联合干燥技术概述

红外辐射干燥技术减少了传热过程中热的损失，提高了产品品质与均匀性，但也常常受限于辐射率、面积、温度上限；喷动床因其内部温度分布的均匀性，常用于加热、冷冻、干燥等过程，而且由于喷动床中物料与气体之间产生剧烈的湍动，干湿物料间相互渗透，质热传递的效率常常很高，气流使物料快速搅动，湍流和涡流增加了物料与加热介质之间的接触面积，提高了干燥均匀性，但干燥速率慢，增加了操作成本。因此，为了解决目前农产品干燥领域单一干燥方式的局限性，提高干燥效率，增强产品品质，作者团队提出以红外辐射加热和喷动床干燥为基础设计新的组合干燥技术，以有效改善单一干燥方法的不足与缺陷。

1.4.1 红外喷动床联合干燥技术原理

红外喷动床联合干燥利用喷动床干燥过程中物料多次通过强湍流区，干湿物料在湍流和旋涡作用下，快速搅动并相互渗透，避免了局部过热的优点与红外辐射干燥穿透性强、干燥速度快的优点有机结合。将待干燥物料通过物料入口添加到喷动床内，达到了所需的静态床层高度，此时依靠动力装置提供空气从喷动床底部气流入口进入喷动床内部的动力，通过改变与鼓风机相连的变频驱动装置，风量以小幅度增加，当床层处于完全喷动状态时，再利用红外辐射器产生的红外线频率与物料内部分子发生共振，使物料内部摩擦产热，结合水转化为自由水，在温度梯度的作用下向物料表面移动蒸发，在热风对流作用下，将干燥物多余的水分通过排风口排出。喷动床内干湿物料的规律运动、加速、减速以及物料与气体对流的运动，显著地加强了流体与颗粒之间的交换，颗粒与颗粒之间的交换，壁面与流体、颗粒之间的交换，以及流体、颗粒中传热传质过程，从而均匀快速去除物料中的水分，提高产品干燥均匀性。

1.4.2 红外喷动床干燥技术研究进展

红外喷动床干燥技术作为一项创新联合干燥技术，目前研究较少。已知研究如下：Alizehi 等采用红外辐射和喷动床联合干燥胡萝卜，使得胡萝卜具有比普通干燥方法更好的感官特性，热空气和红外辐射的结合产生了协同效应，产生比单独红外辐射干燥或对流更有效的干燥。Manshadi 等人研究了红外辅助喷射床干燥对亚麻籽的影响，特别是对通过不同方法提取时亚麻籽油的质量特征的影响。结果表明，在红外存在的情况下增加空气温度会增加干燥速率。在相同温度下，IR-SBD 样品的过氧化值（PV）高于喷射床干燥（SBD）。此外，红外处理并未显著改变亚麻籽油中的脂肪酸组成。

作者团队较早甚至最先提出红外喷动床干燥技术，并自主研制了红外-喷动床联合干燥设备，针对不同农产品、食品开展红外喷动床干燥技术应用研究，以期为红外喷动床干燥的研究与应用奠定基础。

参考文献

[1] BOATENG I D, YANG X M. Process optimization of intermediate-wave infrared drying: Screening by Plackett-Burman; comparison of Box-Behnken and central composite design and evaluation: A case study[J]. Industrial Crops and Products, 2021, 162: 283-287.

[2] BOZKIR H, TEKGÜL Y, ERTEN E S. Effects of tray drying, vacuum infrared drying, and vacuum microwave drying techniques on quality characteristics and aroma profile of orange peels[J]. Journal of Food Process Engineering, 2020, 44 (1): 1-6.

[3] MATHUR K B, GISHLER P E. A technique for contacting gases with coarse solid particles[J]. AIChE Journal, 1955, 1 (2): 157-164.

[4] 杨湄，乔晓晖，刘昌盛，等．导向管及其结构对喷动流化床物料流动特性的影响[J]. 农业工程学报，2008，24 (2): 145-148.

[5] 王宝群，罗保林．狭缝式矩形喷动床中多粒度颗粒体系的最小喷动速度[J]. 过程工程学报，2001，1 (2): 113-116.

[6] CÁRDENAS-BAILÓN F, OSORIO-REVILLA G, GALLARDO-VELÁZQUEZ T. Evaluation of quality parameters of dried carrot cubes in a spout-fluidized-bed dryer with and without draft tube[J]. Journal of Food Measurement and Characterization, 2016, 11 (1): 1-11.

[7] 章虹，冯宇飞，张慜，等．莴苣微波喷动均匀干燥工艺[J]. 食品与生物技术学报，2012，31 (04): 402-410.

[8] 范乐明，张丽萍，张慜，等．土豆片脉冲喷动微波负压干燥特性及品质[J]. 食品与生物技术学报，2013，32 (11): 1176-1182.

[9] LI L, ZHANG M, WANG W. A novel low-frequency microwave assisted pulse-spouted bed freeze-drying of Chinese yam[J]. Food and Bioproducts Processing, 2019, 118: 217-226.

[10] LI L, ZHANG M, ZHOU L. A promising pulse-spouted microwave freeze drying method used for Chinese yam cubes dehydration: quality, energy consumption, and uniformity[J]. Drying Technology, 2019, 39: 148-161.

[11] 谢小雷，李侠，张春晖，等．牛肉干中红外-热风组合干燥工艺中水分迁移规律[J]. 农业工程学报，2014，30 (14): 322-330.

[12] 顾震，徐刚，徐建国，等．胡萝卜热泵与红外辐射加热联合干燥工艺研究[J]. 食品科技，2009，34 (04): 75-78, 84.

[13] 张秦权，文怀兴，袁越锦．红外联合低温真空干燥设备研究与设计[J]. 食品与机械，2013，29 (01): 157-160.

[14] 刘振彬，王玉川，张慜．重组鱼粒配方及其红外-负压微波喷动联合干燥[J]. 食品与生物技术学报，2015，34 (06): 621-626.

[15] ALIZEHI M H, NIAKOUSARI M, FAZAELI M, et al. Modeling of vacuum- and ultrasound-assisted osmodehydration of carrot cubes followed by combined infrared and spouted bed drying using artificial neural network and regression models[J]. Journal of Food Process Engineering, 2020, 43 (12): 1-16.

[16] MANSHADI A D, PEIGHAMBARDOUST S H, DAMIRCHI S A, et al. Effect of infrared-assisted spouted bed drying of flaxseed on the quality characteristics of its oil extracted by different methods[J]. J. Sci. Food Agric., 2020, 100: 74-80.

第2章

红外喷动床干燥机的模拟及设计

2.1 喷动床干燥机的气固两相流数值模拟

喷动床干燥机构造及关键参数对气固两相流有显著影响，然而干燥过程中物料流化速度较快，很难随即测得物料分布、温度、水分变化等关键信息，干燥效率较低。随着当今计算机科学技术的飞速发展与计算流体动力学（computational fluid dynamics，CFD）的逐步成熟，为喷动床内气固两相流研究人员提供了实际工况模拟仿真的操作平台。通过计算流体力学，流体和固体颗粒相可以通过“欧拉-欧拉”或“欧拉-拉格朗日”方法建模，这是一种从连续体的角度观察流体和颗粒运动的方法，可以提供一些重要的如曳力、浮力、颗粒浓度、速度以及颗粒体积分数等这些在实际操作中很难测量的信息，为喷动床设计提供理论依据。

数值模拟可以将红外喷动床内气流与物料颗粒的位置、速度以及流体颗粒体积分数等可视化，这在喷动床的设计和操作中起着至关重要的作用。目前，对喷动床内气固两相流进行 CFD 模拟最常用的两种方法是双流体方法（TFM）和计算流体动力学-离散单元法（CFD-DEM）。在红外喷动床的气固两相流中，物料颗粒存在高浓度区域与低浓度区域，高浓度区域摩擦力是主要作用力，单个颗粒与多个相邻颗粒相互作用，在低粒子浓度区域，粒子间相互碰撞或动量应力是主要作用力。TFM 法拟流化假设，模型不考虑单个物料的运动轨迹和温度变化，且对电脑 CPU 要求较低，因此采用双流体模型（TFM）预测红外喷动床内气固两相流动特性更为合适。

2.1.1 红外喷动床内气固两相流模拟模型建立

2.1.1.1 几何模型建立与网格划分

红外喷动床主体部分的二维几何形状图形示意如图 2-1 所示，采用 ICEM CFD 2019 R1 建立几何模型，具体参数如表 2-1 所示。

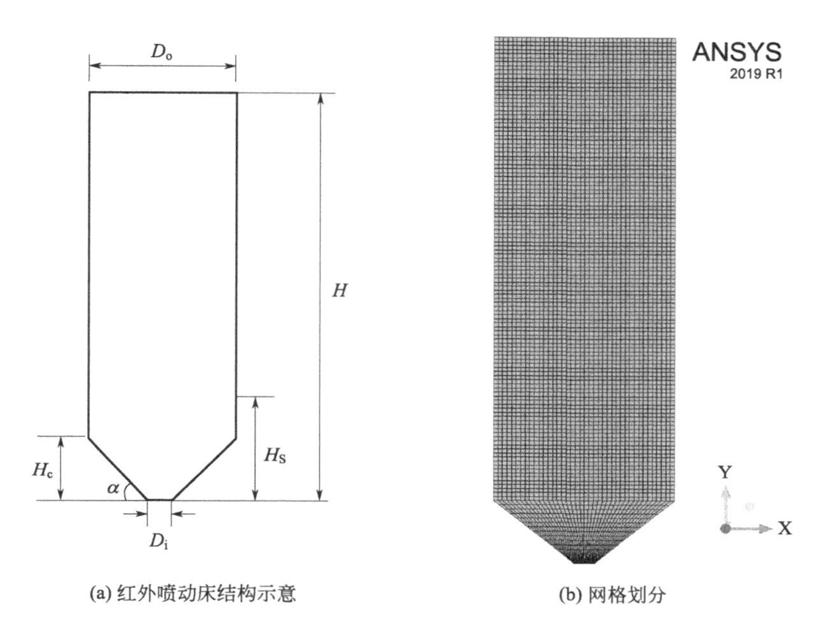

(a) 红外喷动床结构示意　　(b) 网格划分

图 2-1　红外喷动床计算域结构示意和网格划分

表 2-1　红外喷动床几何结构主要参数

参数	符号	数值
圆柱直径	D_o	500mm
整体高度	H	1573mm
圆锥段高	H_c	184m
倒锥夹角	α	40°
入口直径	D_i	60mm

在计算流体动力学中，网格划分工作非常关键，计算网格的选择极大地影响了模拟结果的精度，模型精度的提高是以更高的计算成本为代价的。对于简单二维几何模型，网格类型选择正四面体网格质量最好，采用 ICEM CFD 2019 R1 商用软件创建网格，整个计算域采用结构化网格，为了满足网格直径与颗粒直径之间的比例要求，红外喷动床模拟区域平均网格尺寸为 12mm(x)×12mm(y)。最低网格质量大于 0.65，满足网格质量要求，网格数为 5120，如图 2-1(b) 所示。

模拟的主要参数如表 2-2 所示，模拟参数初始条件和边界条件如表 2-3 所示。

表 2-2　模拟参数

参数	数值
气流黏度	1.65×10^{-5}Pa·s
气流密度	1.225kg·m^{-3}
空气温度	263.15K
固体直径(D_p)	4mm
固体密度(ρ_s)	1386kg·m^{-3}
静态床层高度(H_s)	260mm
最低喷动速度(U_g)	15.4m/s
最大固体体积分数	0.598
采样点高度	H_m(mm)

表 2-3　初始条件和参数设置

初始条件	参数设置
入口边界	速度入口
湍流强度	5%
水力直径	60mm
出口边界	压力出口；表压为 0
床体壁面	固定无滑移边界；固体壁面系数 0.4
颗粒体积黏度	Lun et al.
摩擦黏度	Schaeffer
曳力模型	Gidaspow 模型

在对某一问题进行数值模拟时，常常需要选择恰当的物理模型、边界条件与算法等。尤其是算法的选择至关重要，正确的算法直接影响模拟结果合理性。该工作域随后被离散成多个计算单元、网格，以便通过空间和时间中离散位置的代数表达式系统来近似控制方程。这些控制方程被离散化后，通过基于压力与速度耦合求解算法，就可以求得代数方程在每个网格点的解，直到获得收敛结果。基于压力与速度耦合求解算法，Fluent 商用软件的离散化是基于有限体积法，所得的代数方程在每个网格点通过迭代方法求解，直到获得收敛解。Fluent 2019 R1 提供了 SIMPLE、SIMPLEC 和 PISO 三种类型分离算法，使用耦合算法可以实现完整的压力与速度耦合，因此被称为基于压力的耦合算法。

SIMPLE算法对于网格质量要求不高，能提高收敛稳定性，目前众多研究人员选择SIMPLE分离算法作为喷动床数值模拟主流算法。根据本章研究系统的特性及分析要求，采用Fluent 2019 R1软件的数值模拟方法是基于有限体积法，对控制体的守恒方程进行积分求解，从而记录流场内每个时间点离散单元上的物理量，如速度、温度、压力等的变化情况，研究其变化规律。

采用计算流体力学软件Fluent 2019 R1模拟二维喷动床的流体力学特性，选择基于压力与速度耦合修正的SIMPLE算法。动量方程、湍流动能方程和湍流耗散率方程采用二阶迎风离散格式，体积分数项采用一阶迎风格式，松弛因子的值在0.2～0.7，瞬态模拟时间步长为恒定的1×10^{-5}s，当所有变量残差降至1×10^{-3}以下时，迭代过程终止。

2.1.1.2 网格无关性的分析

在多相流的数值模拟计算工作中，计算域网格的选择极大地影响了模拟结果的精度与所需的计算成本。当网格数量较小时，计算速度会加快，但计算结果准确性将受到影响；当网格数量较大时，能提高计算精度，但会降低计算速度，并且对计算机CPU要求较高。因此，在数值模拟研究前，通过红外喷动床物理模型的网格数量对试验结果差异的影响，进行了网格无关性独立试验分析，以确定对结果没有显著影响的最大网格尺寸。红外喷动床的计算网格数分别设定为2910、3850、5120、7598及12090，通过评估5种网格尺寸对入口中心轴线同一床层高度物料颗粒最大速度变化情况，测试网格无关性，结果如图2-2所示。由图可以看出当网格数量低于5120时，物料颗粒速度间波动较大（>2.23%），当网格数量大于5120时，红外喷动床轴中心的最大颗粒速度增幅较小（<0.26%），数值模拟达到了网格无关性的要求。以下数值模拟计算中网格数均取值5120。

2.1.1.3 模拟结果与分析

喷动床在形成稳定的喷动流化时，床内气流与物料能形成明显的喷射区、环隙区和喷泉区，为了能直接观察红外喷动床内气固两相的流动情况，在床体的壁面上安装了有机玻璃观察窗口。在冷态实验条件下观察不同床层高度下床内物料的流动形态是否具有明显的分区，并记录物料所需的最低喷动速度。

(1) 最低喷动速度

物料颗粒最低喷动速度是验证喷动床数值模拟结果准确性的方法之一。最低喷动速度是由EXTECH CFM 407113型风速传感器测量得到的。为了验证

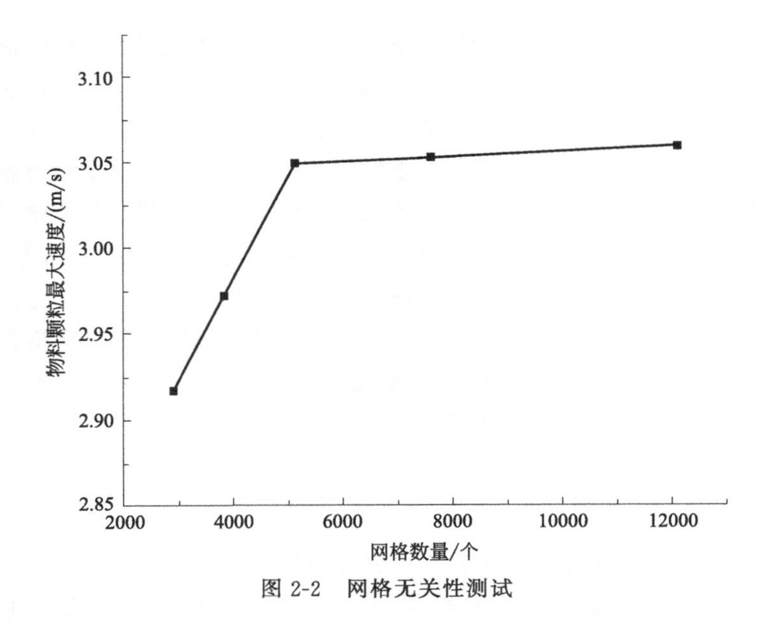

图 2-2　网格无关性测试

红外喷动床中颗粒流动特性的计算流体力学模拟，进行了不同操作条件下的最低喷动速度实验与模拟对比。物料的填充初始床层高度分别为 0.23m、0.26m、0.29m、0.31m、0.34m，其他模拟参数保持不变。

图 2-3 所示为颗粒最低喷动速度实验与模拟对比。由图可知，随着初始床层高度的增加，喷动床内物料开始流动的最小速度也随之增加。与实验结果相

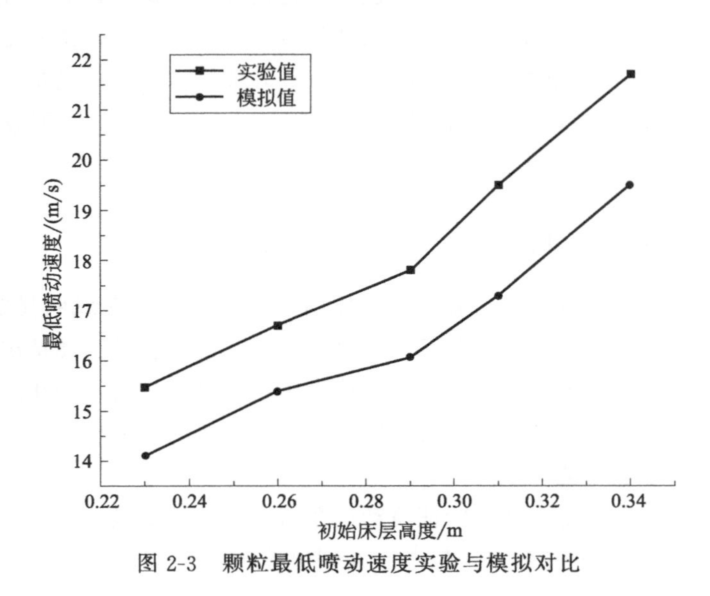

图 2-3　颗粒最低喷动速度实验与模拟对比

比，模拟的最低喷动速度整体比实际值要小，最低喷动速度的最大相对误差为 9.6%，且可以发现在床层 0.26m 时误差最小，最低喷动速度 $U_g=15.4m/s$。这种模拟和实验之间的差异可能是由二维模型的简化、体积分数或阻力的计算误差造成的。

（2）颗粒流动过程

图 2-4 为入口气体速度为 $U=1.3U_g$，初始床层高度 $H_s=0.26m$ 时，红外喷动床内物料颗粒从静态到稳定喷动的体积分数云图。由图 2-4 可知，当气流通过喷动床底部入口自下而上通过物料颗粒，在 0.4s 时，气流在入口附近形成一个气泡，此时物料颗粒的位置发生改变，整个床层稍有膨胀、变松，颗粒体积分数略有增大。随着模拟时间的增大，气泡开始向上传播，直径不断增加，同时颗粒也在向壁面周围扩散，最终在 0.6s 时气泡到达床层表面。在 0.8s 时，到达床层表面的气泡开始破裂，消失在喷口末端的颈部，同时底部

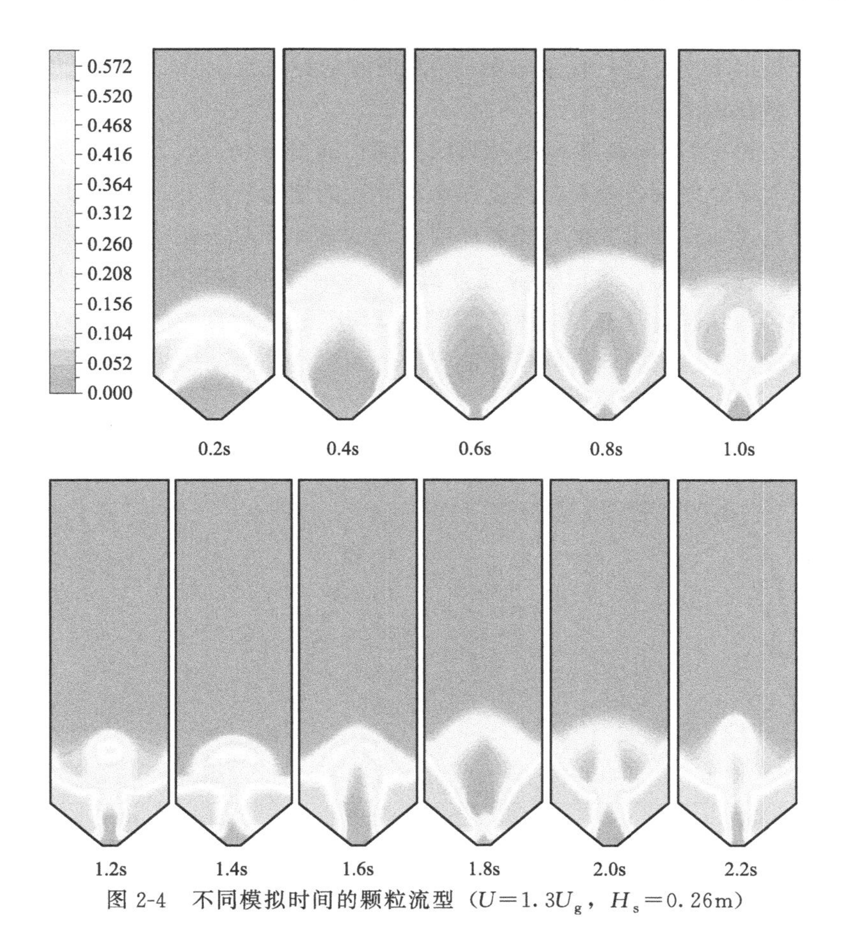

图 2-4　不同模拟时间的颗粒流型（$U=1.3U_g$，$H_s=0.26m$）

流体具有动态的“X”几何形状，动态的“X”几何形状开始于入口底端，向上传播并最终在一个周期内消失在喷口末端的颈部，这是由红外喷动床底部气体入口上方的颗粒向气泡中心横流造成的。气泡下方会形成一个颗粒尾流，这种尾流随着气泡上升到床面，并产生非随机的颗粒对流运动。每次形成的气泡与上一次形成的气泡有所不同，气泡直径逐渐减小。随着模拟时间的增大，喷射区形状逐渐稳定，颗粒体积分数不断增大，最终分散在喷泉与环形空间之间，并在 2.2s 时达到稳定的喷射状态，此时能明显地观察到三个不同的区域，即喷射区、环隙区和喷泉区，这与 Liu 等观察到的是一致的。

(3) 颗粒体积分数

图 2-5(a) 为不同高度的物料颗粒体积分数径向分布情况。从图中可知，颗粒体积分数分布曲线在四个床层高度下基本都具有一个近似“S”的几何形状，在喷射区颗粒体积分数最小，且随着床层高度的增加而减小，在喷射区和环隙区之间的边界附近，局部颗粒体积分数首先快速增加，然后在环隙区到达最大值并保持不变，这一现象与 He 等发现的是一样的。

(4) 颗粒速度

图 2-5(b) 为不同高度的物料颗粒速度径向分布情况。从图中可以看出，在红外喷动床喷射区，颗粒的速度随床层高度的增加而减小，这是因为颗粒在入口附近迅速加速到最大值，随着床层高度的增加环隙区颗粒不断向喷射区填充，增加了气流阻力，然后颗粒逐渐减速，直到它们到达喷泉区开始向下掉落。同样，颗粒速度随着径向距离的增加而降低。这种分布与 He 等观察到的分布是一致的，这说明双流体模型能很好地预测红外喷动床内气固两相流流动特性。

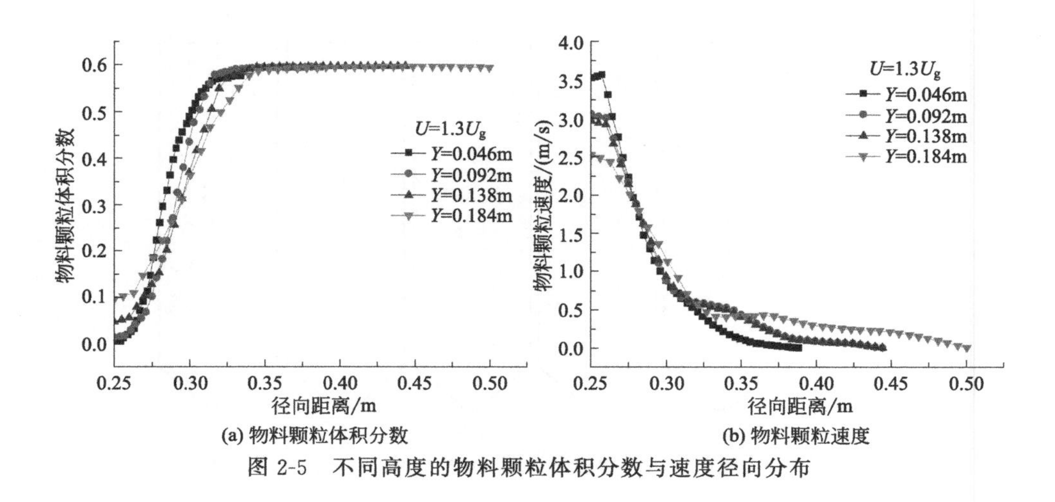

图 2-5　不同高度的物料颗粒体积分数与速度径向分布

2.1.1.4 小结

① 本小节针对红外喷动床联合干燥设备建立了二维物理模型，并运用ICEM CFD 2019 R1软件对计算域进行网格创建，通过对比试验与模拟最低喷动速度，结果发现，与实验结果相比，由于二维模型的简化、体积分数或阻力的计算误差，最低喷动速度结果存在一定的误差，数值模拟的最低喷动速度整体比实际值要小，最大相对误差为9.6%，证明模型建立是可靠的。

② 通过与前人报道的实验数据进行比较，双流体模型可以较好地预测红外喷动床内颗粒从静态到稳定喷动条件的动态过程，并且颗粒体积分数和速度分布趋势与文献报道是一致的，说明我们所建立的模型参数与模型设置是合理的。

2.1.2 锥体角度对喷动床内气固两相流动特性的影响

针对自主设计的红外喷动床，其干燥均匀性一直是我们所期待的。红外喷动床底部锥体几何形状影响气流的运动状态，进而影响物料颗粒的运动特性。为了提高红外喷动床内物料混合和加热的均匀性，研究具有不同几何形状锥体对红外喷动床结构优化时起到的重要作用，我们采用TFM模型，研究了不同锥体角度对红外喷动床内气流速度、颗粒形态、颗粒体积分数、颗粒速度以及喷泉高度的影响。

2.1.2.1 模拟工况

为了获得红外喷动床底部最佳的柱锥体倾斜角度，模拟计算中选用5个不同锥角的模型，锥体角度分别为30°、40°、50°、60°和70°，锥体上部与喷动床壳体连接部分的圆柱直径均为0.5m。入口风速为$U=1.3U_g$，毛豆处理量为37kg，对5种锥角红外喷动床进行数值模拟计算，设置计算最大迭代次数为30，时间步长为1×10^{-5}s，总时间模拟为5s。数值模拟计算中红外喷动床内空气与物料的一些物性参数的设置跟上述的模拟计算设置一样，其他模拟参数如表2-4所示。为了便于分析，设定一个无量纲参数ζ/H_c为数据采样床层高度与锥体高度比值，其中ζ为采样高度，H_c为喷动床锥体部分高度。

表 2-4 红外喷动床模拟参数

工况	锥体角度 α	圆锥高度 H_c/m	初始床层高度 H_s/m
1	30°	0.213	0.223
2	40°	0.184	0.260
3	50°	0.262	0.307
4	60°	0.381	0.381
5	70°	0.604	0.506

2.1.2.2 模拟结果与分析

(1) 锥体角度对气流速度的影响

图 2-6 为红外喷动床内气固两相流达到稳定时，不同锥体角度对气流速度分布情况矢量图。由图可知，锥角为 30°到 60°的红外喷动床中，在锥体上部形成大量的二次旋涡，增加了环隙区物料向喷射区横向移动的剪切力，有利于气流与物料的均匀混合。随着锥角的增加，锥体斜面上方的旋涡大小变化差异明显，由于 70°锥角斜面空间的急剧变化占据红外喷动床干燥室体积较大，形成旋涡数量较少，不利于颗粒与气流的均匀混合。旋涡的中心位置与红外喷动床底部气流入口的距离随锥角的增大逐渐减小，能增强气流对物料的扰动作用，减少锥斜面上方物料流动“死区”。此外，由于锥角的变化，气流进入喷动床后会向着壁面方向发生不同程度的扩散，这与 Liu 等发现的是一致

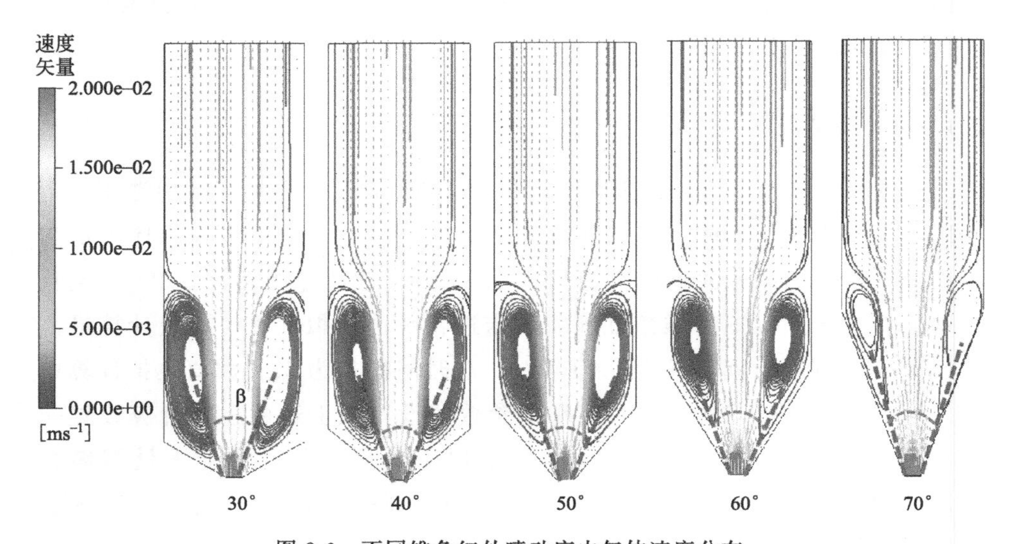

图 2-6 不同锥角红外喷动床内气体速度分布

的。如果引入扩散角 γ 来表示气流的扩散程度，那么随着锥体角度的增加，γ 也随之增加，当锥体角度 $\alpha=70°$时，气流的扩散程度趋于与锥角相等。气流向外扩散可以使锥体部分的物料颗粒获得更大的速度，提高气流携带物料的能力。

(2) 锥体角度对颗粒流型的影响

图 2-7 显示了在入口气体喷嘴速度为 $U=1.3U_g$ 时，不同锥体角度对红外喷动床内气固两相流动形态的影响。由图可知，气流能突破床层出现明显不同的区域，即物料高速上升的喷射区、物料向下移动和壁面之间形成的环隙区以及物料在喷射区上升到最高位置的喷泉区，形成一个稳定的循环喷动床过程。在入口气体流量不变的情况下，锥角的变化对颗粒流动有显著的影响，导致喷动床环形区域内颗粒运动和浓度分布发生变化，喷泉区高度随锥角增加逐渐增大，这说明锥角对颗粒速度有增强作用，从而导致气流对环隙区中颗粒的局部流化能力增加。锥角为 30°的红外喷动床中，喷泉区形状存在明显的变化，物料浓度较低，这是因为喷射区发生阻塞，气流挟带物料的能力降低导致喷泉区浓度减小。同时锥体角度为 70°的红外喷动床中，由于锥体部分占据干燥仓体积较大，斜面对物料的挤压作用导致物料颗粒所受气流阻力较大，当颗粒从环隙区排出时，悬浮在喷泉区的颗粒浓度变得更浓，影响红外对物料加热均匀性。径向作用力的增加导致喷射区形状发生扭曲，但 70°这个锥角并不是喷射区形状发生改变的临界值，临界值应该在 60°到 70°之间某一个角度，当锥体角度高于这个临界值时，红外喷动床就不能获得具有稳定射流形态和稳定喷泉的稳定喷动，对气固混合、传热传质有不利影响。

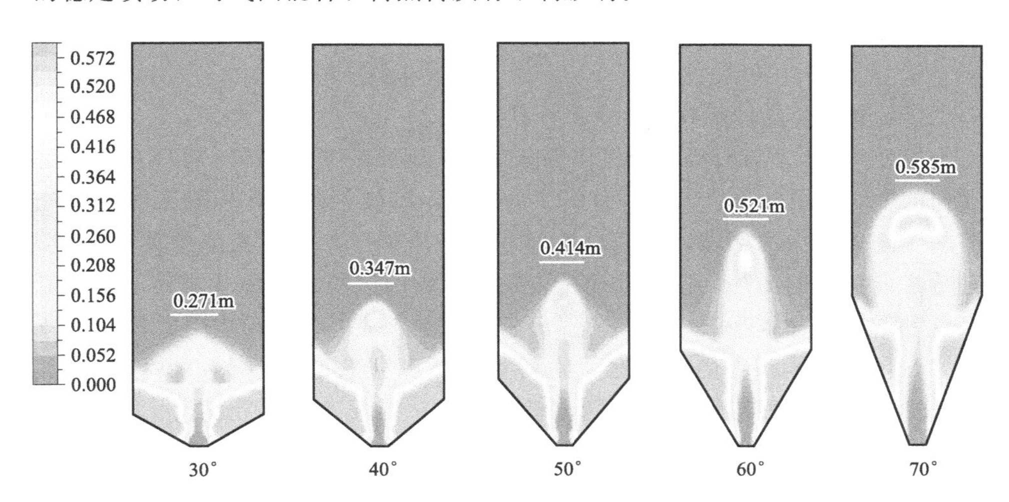

图 2-7　不同锥角红外喷动床内颗粒的流型

(3) 锥体角度对喷泉高度的影响

图 2-8 为不同锥角下红外喷动床内物料喷泉区高度的分布，喷泉高度指的是从物料静态床表面到喷泉顶部的距离。由图可知，在相同的入口气流速度下，喷泉高度随着锥体角度的增加而逐渐增加，锥角为 30°的喷泉高度几乎是 60°锥角的 2 倍。这是因为随着锥角的增加，气流向锥体壁面扩散变大，颗粒与气流之间的界面力较大，从而提高了颗粒流速，增加了喷泉高度。若锥体角度小，想要获得更大的喷泉高度，必须提供更大的风速，所需能耗更高。

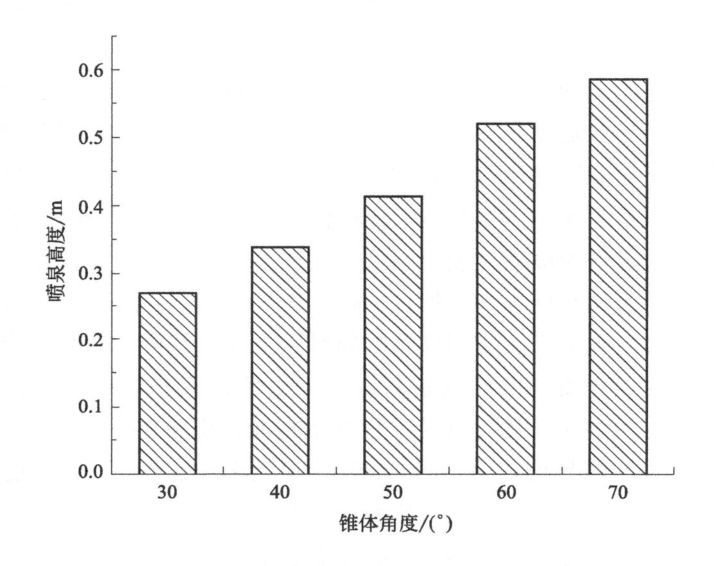

图 2-8 不同锥角对喷泉区高度的影响

(4) 锥体角度对颗粒体积分数的影响

图 2-9 显示了红外喷动床锥体部分在不同床层高度条件下，锥体角度对沿径向的颗粒体积分数的影响。由图 2-9 可知，在喷射区靠近环隙区的界面处有一个密度较大的区域，该区域的体积分数略低于松散填充床的体积分数。随着径向距离的增加，红外喷动床内物料颗粒的体积分数逐渐增大，在喷射区这种增加趋势较平缓，而在喷射区与环隙区交界处，这种增幅趋势比较急剧，在接近锥体斜面的环隙区，物料颗粒体积分数增至最大并保持恒定不变，这说明在斜面附近物料颗粒流动性较差，形成流动“死区”，当无量纲床层高度 $\zeta/H_c=0.75$ 时，随着锥角的减小，“死区”范围变大。相同床层高度，锥角从 30°增加到 60°时，导致喷动床底部空间增加，使颗粒在环空

中的运动更平缓，底部区域的内部喷动更稳定，这可能是由二次旋涡作用在该区域的力引起的。当无量纲床层高度 ζ/H_c 低于 0.5 时，60°锥角的红外喷动床中颗粒体积分数在近壁处沿径向出现了缓慢下降现象，这是因为气流旋涡对颗粒的卷吸作用扰动了该区域的颗粒流动，使颗粒获得更高的流动能量，减小了颗粒“死区”。当锥体角度为70°时，物料颗粒体积分数随床层高度的增加出现明显的波动，无量纲床层高度 $\zeta/H_c=1$ 时，最大体积分数低于 0.15，这是因为锥角过大导致柱锥体部分在整个红外喷动床中占据较大空间，使物料运动非常不稳定。

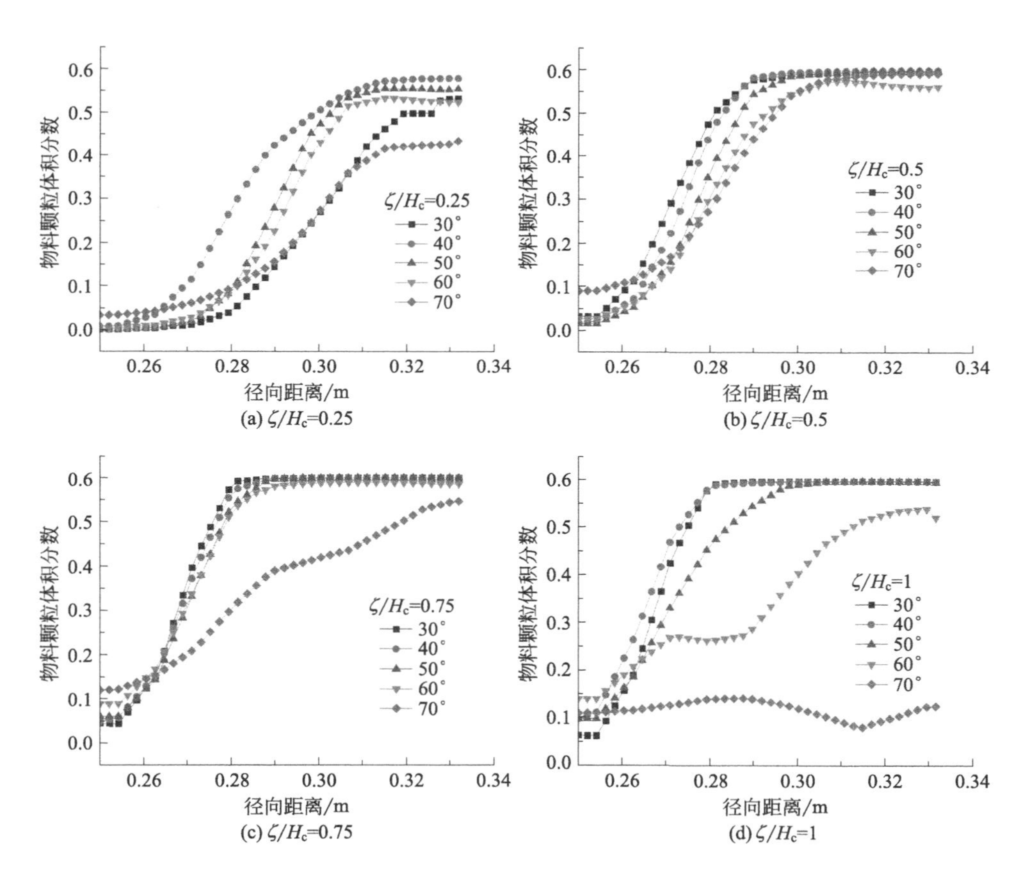

图 2-9 不同锥角对颗粒体积分数径向分布影响

(5) 锥体角度对颗粒速度的影响

图 2-10 显示了红外喷动床锥体部分在不同床层高度条件下，锥体角度对

沿径向的颗粒速度分布的影响。由图可以看出，随着床层高度的增加颗粒速度逐渐减小，在无量纲床层高度 $\zeta/H_c=0.75$ 处［图 2-10(c)］，40°到 60°锥体角度为红外喷动床内颗粒速度在喷射区与环隙区过渡段沿径向下降，在环隙区时颗粒速度沿径向出现平缓减小的现象。在无量纲床层高度 $\zeta/H_c=1$ 时［图 2-10(d)］，锥体角度为 50°和 60°的红外喷动床中，颗粒速度在径向距离 $R=0.28$m 处甚至出现快速增大后减小现象。这是因为在此床层高度下正好是喷泉区与环隙区的结合处，气流二次旋涡与喷射区上升的气流对环隙区颗粒运动起到了扰动作用，提高了物料流动均匀性。而锥体角度为 70°的红外喷动床内颗粒的速度出现先减小后增大再减小的情况，结合图 2-7 更能说明锥角过大导致颗粒与空气之间的作用力增大，减小了颗粒横向移动的速度，稳定的循环被破坏。

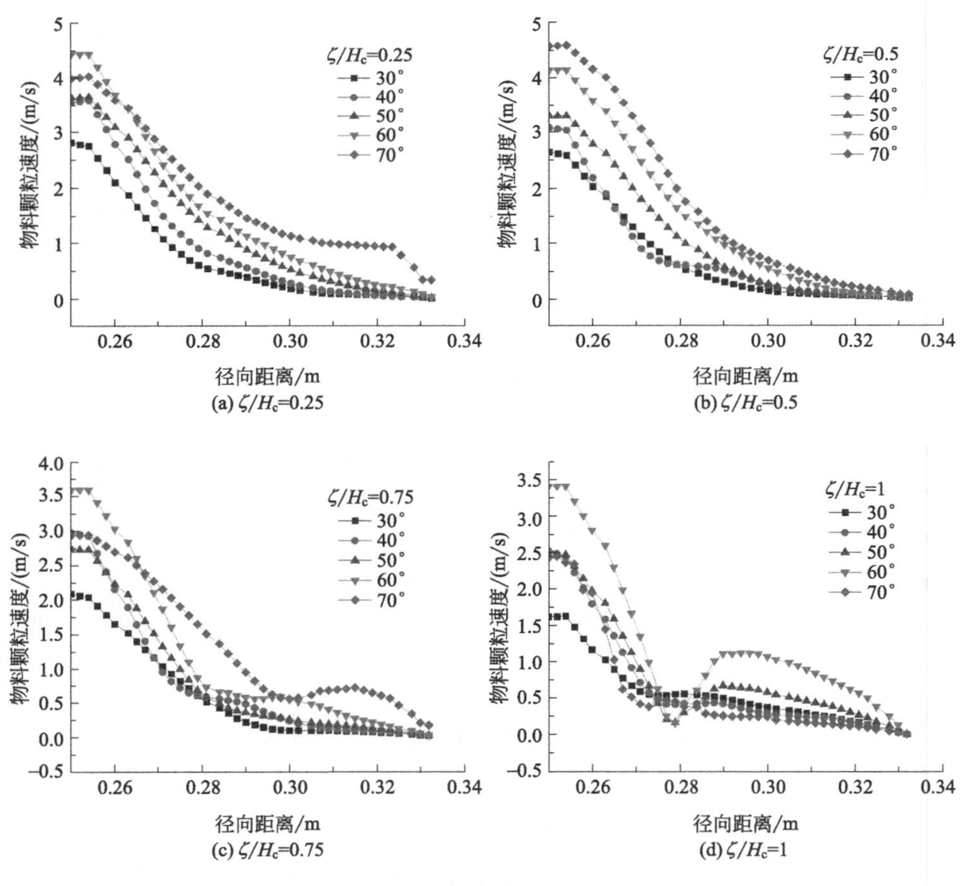

图 2-10　不同锥角对颗粒速度径向分布影响

2.1.2.3　相对标准偏差

喷动床底部锥体角度和圆柱直径都会导致喷动床内颗粒流动均匀性的变化，而这些变化在所有模拟工况中并不一致，因此，需要标准来评估所有工况的颗粒速度数据集的再现性。相对标准偏差也称为变异系数（CV），是一个无量纲变量，能反映测量结果精密度。具体算法如下：

$$CV=(S/\overline{V})\times 100\% \tag{2-1}$$

$$S=\sqrt{\frac{1}{N-1}\sum_{p=1}^{N}(V_{\mathrm{p}}-\overline{V})^2} \tag{2-2}$$

$$\overline{V}=\frac{1}{N}\sum_{p=1}^{N}V_{\mathrm{p}} \tag{2-3}$$

式中，S 为标准偏差；V_{p} 为第 p 个采样点的速度值；$\overline{V}$ 为所有采样点的平均速度；N 为采样点个数。通过 CV 值评估流场均匀性以及改进实验设计，流场均匀度越大，CV 值越小。

表 2-5 为不同锥角红外喷动床内颗粒速度的变异系数 CV（%）计算结果比较，如表中所总结的，在锥体角度为 30°时，4 种无量纲床层高度 ζ/H_{c} 下变异系数均较大，由于锥体角度较小，物料颗粒在柱锥体部分未能流动，产生滞留现象，不能满足均匀混合要求。当锥体角度为 40°到 60°时，红外喷动床中 CV 值随着无量纲床层高度 ζ/H_{c} 的增加，出现先增大后减小的现象，变化幅度较小（<12.2%）。当锥体角度为 70°时，随着 ζ/H_{c} 比值的增加呈现反复增加减小现象，波动性较大，不利于气流与物料的均匀混合。在无量纲床层高度 $\zeta/H_{\mathrm{c}}=1$ 处，CV 值出现骤增，变化幅度较大（>51.8%），气流与物料混合均匀性下降。锥体角度为 60°的红外喷动床中 CV 平均值最小，说明该工况的红外喷动床内物料流动均匀性最高。

表 2-5　不同锥角对颗粒速度的相对标准偏差 CV（%）的影响

ζ/H_{c}	30°	40°	50°	60°	70°
0.25	121.1	116.6	95.6	90.8	61.8
0.5	121.5	120.5	110.2	98.7	92.9
0.75	117.9	120.3	112	102.5	69.3
1	80.0	110.2	92.3	79.9	128.1
平均值	110.125	116.9	102.525	92.975	88.025

图 2-11、图 2-12 为不同锥体角度对红外喷动床内物料颗粒流动速度场均匀度 CV 值的影响。从图中可以看出，随着无量纲床层高度 ζ/H_{c} 和锥体角度

的增加，CV 值呈线性分布逐渐减小，这说明锥体角度的变化对喷动床流场均匀性有显著影响。当无量纲床层高度 $\zeta/H_c=1$ 时，锥体角度为 30°和 70°的红外喷动床中，CV 值出现非线性变化，表示锥体角度过小或过大都不利于提高红外喷动床内物料混合均匀性。进一步分析发现，在无量纲床层高度 $\zeta/H_c=1$ 时，锥体角度为 60°时 CV 值呈现出最小值，红外喷动床内整体颗粒流场的均匀性为最高，即气流对颗粒扰流作用达到最佳。

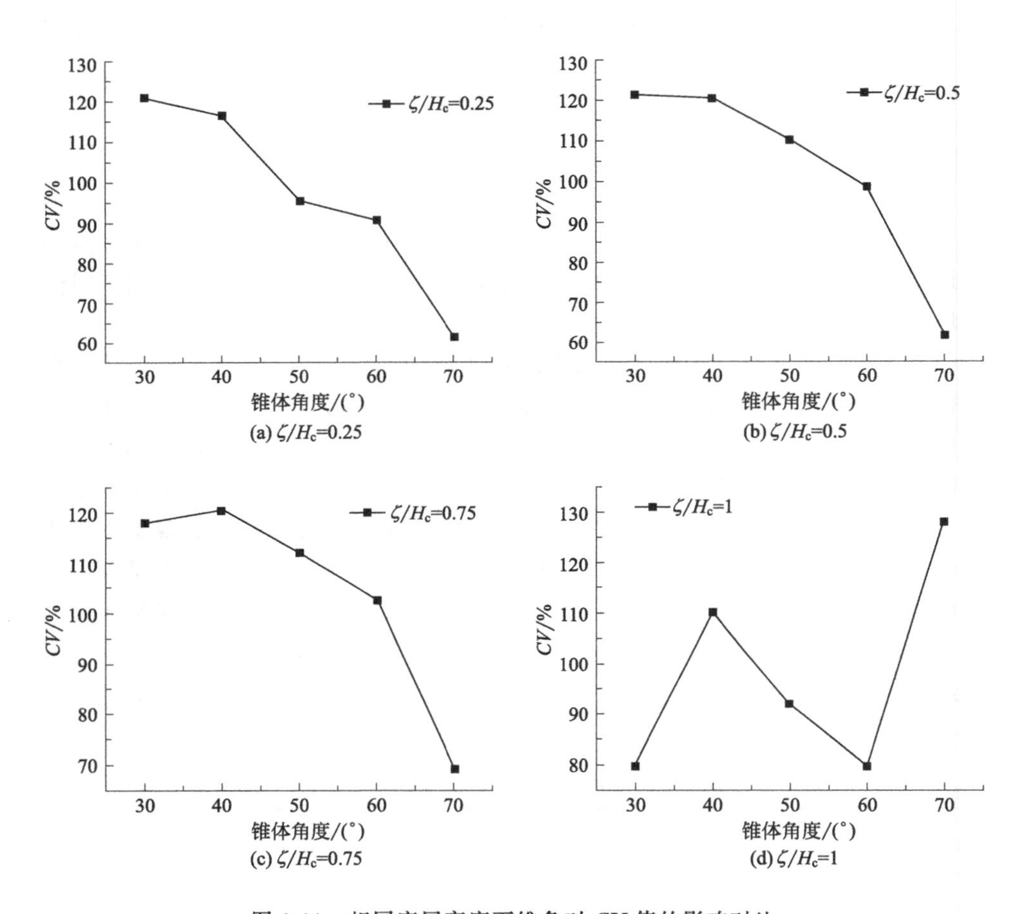

图 2-11　相同床层高度下锥角对 CV 值的影响对比

较小的锥角扩大了喷嘴附近的空间，使红外喷动床底部颗粒堆积更紧密，紧密堆积的物料对气流有很大的限制。此时，决定空气扩散的是紧密堆积的颗粒，而不是锥形底部的形状，适当的锥角角度使物料运动更加稳定和平缓。综合来看，无论是颗粒流型、颗粒体积分数、颗粒速度，还是颗粒速度的相对标

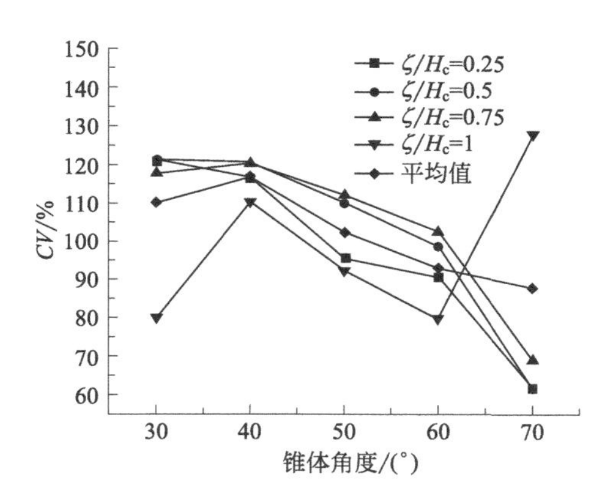

图 2-12 不同床层高度下锥角对 CV 值的影响对比

准偏差，锥体角度为 60°的红外喷动床都表现出最佳性能，因此红外喷动床底部柱锥体选用 60°锥角。

2.1.2.4 小结

① 红外喷动床底部锥体角度对入口上方气流扩散起着相当大的作用，当锥角越大时，气流的扩散水平越高，气流始终占据喷嘴附近的整个锥形空间；并且随着锥角的增加，气流产生的二次旋涡中心位置逐渐向入口方向移动，在增强气体扩散的同时增加了气流与物料颗粒之间的接触，有利于锥体壁面上物料颗粒的扰动，因此更多的物料颗粒被卷入并被喷出的气体向上挟带。

② 锥体角度对红外喷动床内喷泉高度、物料颗粒流型、体积分数与速度径向分布有显著影响，随着锥体角度的增加，气体能够更加充分地进入环隙区，使得气体与颗粒的横向混合更加充分。当锥角为 60°，无量纲床层高度 $\zeta/H_c<0.5$ 时，近壁处物料颗粒体积分数有明显减小趋势，说明该锥角红外喷动床减少了颗粒在锥体壁面团聚与堆积现象。

2.1.3 圆柱直径对喷动床内气固两相流动特性的影响

在获得最佳锥体角度后，进一步研究红外喷动床圆柱直径对气固两相流运动特性的影响，设定红外喷动床圆柱直径 D_o 分别为 0.42m、0.46mm、0.5m、0.54mm、0.58m，底部为 60°圆锥体。在入口风速为 $U=1.3U_g$，毛豆处理为37kg，进行气固耦合模拟，仿真总时间为5s，研究红外喷动床圆柱体部分直径对气固两相流动特性的影响，为了便于分析，设定一个无量纲参数D_i/D_o，底部气流入口直径与圆柱体的直径比值大小用以表示不同圆柱体直径的影响。

2.1.3.1 模拟工况

本研究所模拟的红外喷动床工况具体参数如表2-6所示。

表2-6 模拟工况参数

工况	D_i	锥体角度α	圆锥高度H_c	圆柱直径D_o	D_i/D_o
1	0.06m	60°	0.311m	0.42m	0.143
2	0.06m	60°	0.346m	0.46m	0.131
3	0.06m	60°	0.381m	0.50m	0.120
4	0.06m	60°	0.415m	0.54m	0.111
5	0.06m	60°	0.450m	0.58m	0.103

2.1.3.2 模拟结果与分析

(1) 喷动床圆柱直径对颗粒流型的影响

图2-13为不同圆柱直径的红外喷动床中物料颗粒流型分布云图。可以看出不同工况红外喷动床内物料颗粒浓度分布存在明显差异，圆柱体直径为0.42m（D_i/D_o=0.143）的红外喷动床内，喷泉区物料浓度分布明显低于

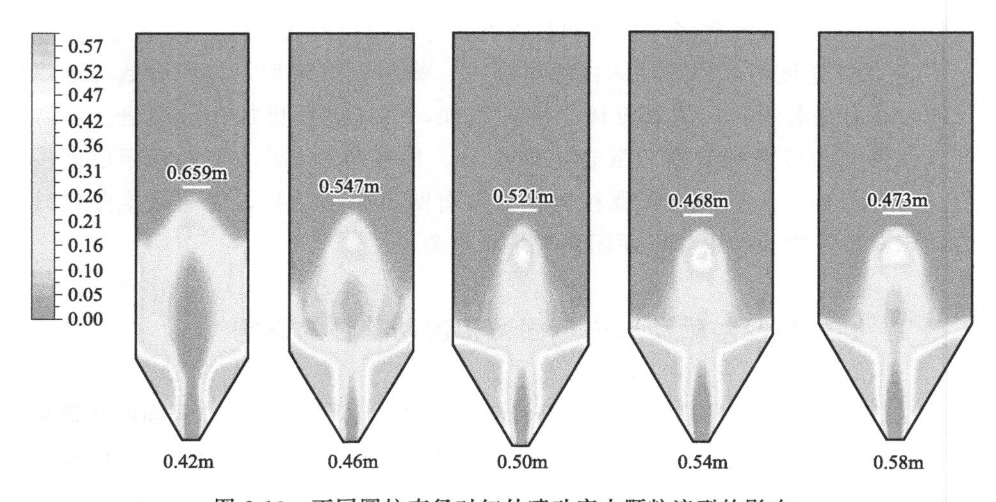

图2-13 不同圆柱直径对红外喷动床内颗粒流型的影响

其他 4 种工况，大部分物料停留在喷射区与圆柱壁面之间，而射流中心物料浓度较低，气流与物料颗粒流动扩散程度明显受到圆柱壁面的挤压，这是因为喷射区形状不稳定，具有动态的“X”几何形状，当气流在底部入口上方受到物料挤压，同时物料在气流的作用下从入口底端开始向上传播并最终在一个周期内消失在喷泉区末端的顶部，物料在重力的作用下向床层表面掉落，在物料掉落的过程中，下一个气流周期也在向上运动，两个运动方向不同的物料发生碰撞，导致运动速度降低，物料密度在此区域进一步增大，此时物料的流动性变差，在红外喷动床内产生堆积，不利于物料与气流的规律循环，这种工况不利于提高干燥均匀性。当圆柱直径 D_o 为 0.50m（$D_i/D_o=0.12$）时，红外喷动床内气流与颗粒流动形态既不受循环时间的限制，也不受圆柱壁面的挤压，喷泉区的物料实现了最广泛的扩散，有助于干燥均匀性的提高。

（2）圆柱直径对喷泉高度的影响

图 2-14 为不同圆柱直径下喷泉区高度的分布。可以看出在相同的入口气流速度下，喷泉高度随着圆柱直径的增加而逐渐减小，圆柱直径为 0.42m（$D_i/D_o=0.143$）时喷泉高度最大，这是因为圆柱直径较小时气流向红外喷动床圆柱壁面扩散越小，颗粒与气流之间的界面力越大，从而提高了颗粒喷泉高度。

（3）圆柱直径对颗粒体积分数的影响

图 2-15 显示了红外喷动床锥体部分在不同床层高度条件下，圆柱体直

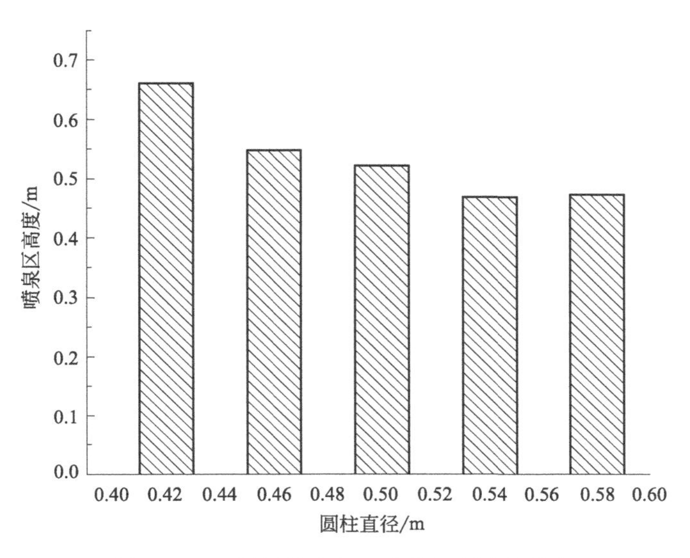

图 2-14　不同圆柱直径对喷泉区高度的影响

径对沿径向的颗粒体积分数的影响。可以看出在相同床层高度下，不同圆柱直径对物料颗粒体积分数影响并不突出。当床层高度较低时，圆柱直径为 0.42m（D_i/D_o=0.143）的红外喷动床内，环隙区物料体积分数分布明显低于其他 4 种工况，在接近壁面处呈轻微下降的趋势，当床层高度 Y= 0.318m 时，物料体积分数整体要低于其他工况，可能是因为该喷动床内圆柱壁面处有一个密度较大的区域，导致锥体部分颗粒填充松散，减小了颗粒体积分数，这表明该工况的红外喷动床锥体部分物料与气流混合效果明显。

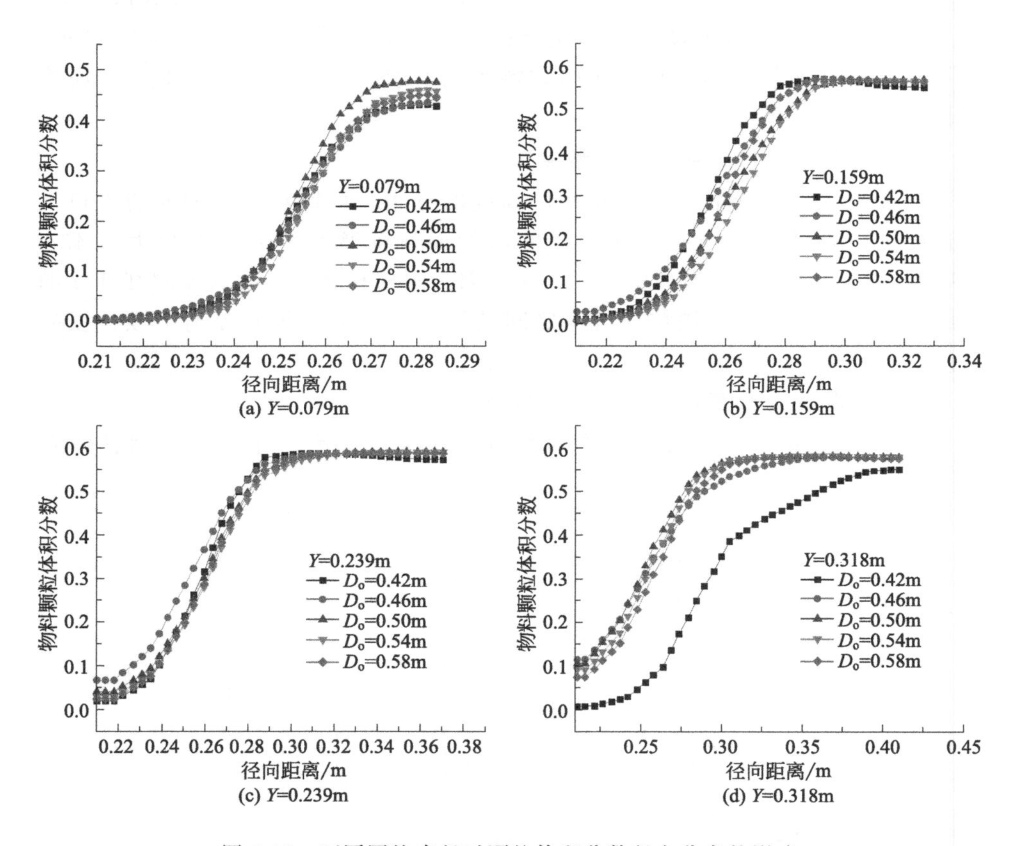

图 2-15　不同圆柱直径对颗粒体积分数径向分布的影响

(4) 圆柱直径对颗粒速度的影响

图 2-16 为在不同床层高度下柱锥体内，不同圆柱直径对红外喷动床内物料颗粒速度沿径向分布的影响规律。由图 2-16 可知，圆柱直径对颗粒的速度

分布有显著影响，在喷射区附近物料颗粒速度几乎是平的，随着径向距离增大逐渐减小。在接近壁面的环隙区，圆柱直径为 0.42m（$D_i/D_o=0.143$）的红外喷动床物料颗粒速度下降缓慢，且明显大于其他 4 种模拟工况，环隙区物料颗粒速度的增加有利于物料与气流的均匀混合，同时降低了物料颗粒运动能量损失，减少壁面物料“死区”现象。在床层高度 $Y=0.318$m 时如图 2-16(d) 所示，圆柱直径为 0.42～0.54m（$D_i/D_o>0.103$）的红外喷动床内，颗粒速度在环隙区内沿径向出现轻微先增大后减小现象。表明圆柱直径的增大对环隙区颗粒运动起到了扰动作用，这可能是由作用在该区域气体横流引起的。结合图 2-13～图 2-16 可知，圆柱直径为 0.42m（$D_i/D_o=0.143$）的红外喷动床中，物料颗粒在柱锥体部分不易产生堆积滞留现象，气固两相均匀混合优于其他 4 种工况。

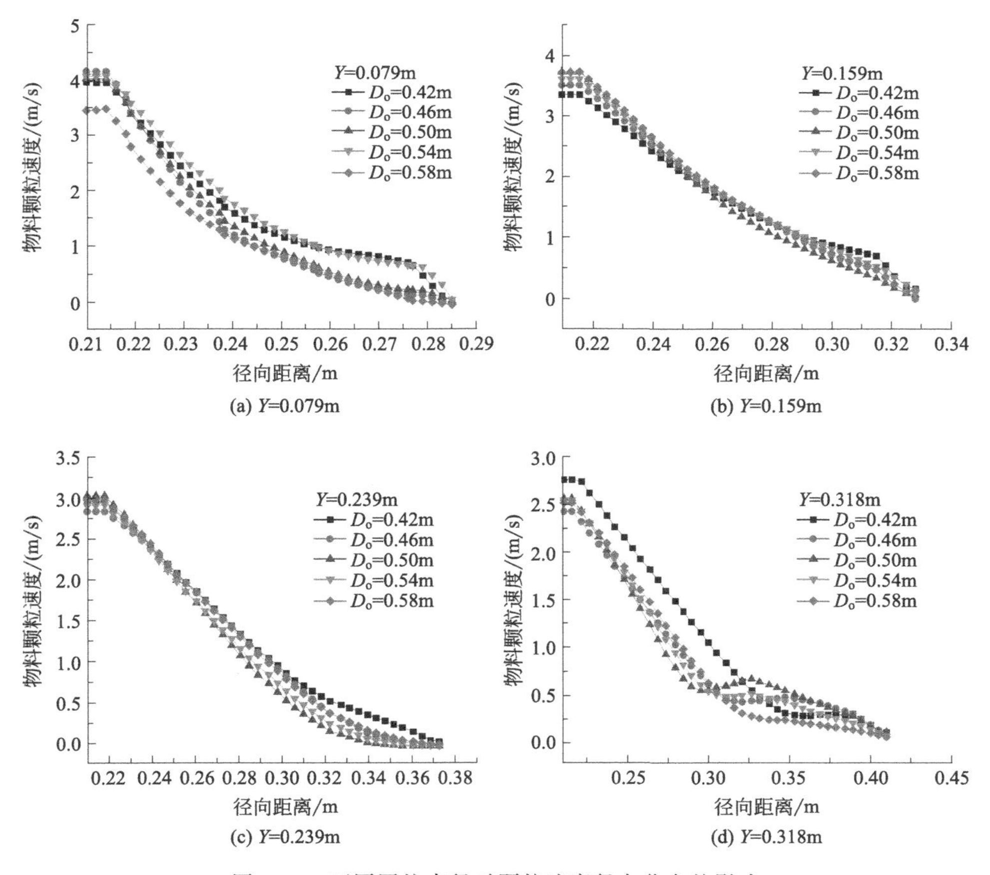

图 2-16　不同圆柱直径对颗粒速度径向分布的影响

2.1.3.3 相对标准偏差

表 2-7 为不同圆柱直径对颗粒速度的相对标准偏差 CV 值影响分布。表中分别给出了不同的圆柱直径在不同的床层高度处的 CV 值，同时也给出了相对标准偏差的平均值。从表中可以看出，圆柱直径为 0.42m（$D_i/D_o=0.143$）的红外喷动床物料颗粒速度 CV 值最小，但结合图 2-13 颗粒浓度云图分析，此工况下圆柱壁面对物料流型挤压明显，近壁处物料浓度增大，导致红外辐射加热局部过热，不利于提高干燥均匀性，因此不考虑该工况。其他 4 种模拟工况各床层间 CV 值差异较小，均不超过 20%。当圆柱直径 $D_o=0.54$m（$D_i/D_o=0.111$）时，平均 CV 值呈现出最小值，说明了该工况的红外喷动床内流场较为均匀，气流与物料混合效果最好。

表 2-7　不同圆柱直径对红外喷动床内颗粒速度的相对标准偏差 *CV*（%）的影响

床层高度	0.42m	0.46m	0.5m	0.54m	0.58m
0.079m	65.8	92.5	84.5	65.5	86.5
0.159m	56.8	63.6	71.1	61.4	64.5
0.239m	73.4	81.1	96.1	89.3	82.2
0.318m	83.4	83.2	84.1	90.7	99.8
平均值	69.9	80.1	83.9	76.7	83.25

图 2-17、图 2-18 为圆柱直径对红外喷动床内颗粒速度场均匀度 CV 的影响。由图可看出，床层高度为 $Y=0.239$m，圆柱直径 $D_o=0.54$m（$D_i/D_o=0.111$）条件下，CV 值最小。而在其他床层高度下，流场 CV 值呈现出一定的波动变化规律，随圆柱直径的增加先增大后减小，并在圆柱直径为 0.54m 附近达到了极小值。然而对于圆柱直径为 0.5m、0.54m 红外喷动床来说，物料颗粒的速度流场平均 CV 值相差不大，气流与物料颗粒混合比较均匀，结合喷泉高度图分析，相对于 $D_o=0.5$m（$D_i/D_o=0.12$），圆柱直径 $D_o=0.54$m（$D_i/D_o=0.111$）的红外喷动床 CV 值提高了 8.5%，但喷泉高度降低了 10.1%。而针对本章设计的红外喷动床，红外辐射干燥主要发生在圆柱体区域，物料喷泉高度越高，红外干燥利用率越高，考虑到圆柱直径越大，想要获得更高的喷泉高度，所需动力越大，能耗更高，因此红外喷动床选用直径为 0.5m（$D_i/D_o=0.12$）的圆柱体。

2.1.3.4 小结

① 圆柱直径越大，锥体部分环隙区颗粒间运动越剧烈，颗粒与颗粒之间的摩擦碰撞损失越大，分流的气体对颗粒的径向流化作用逐渐增强，进口气体

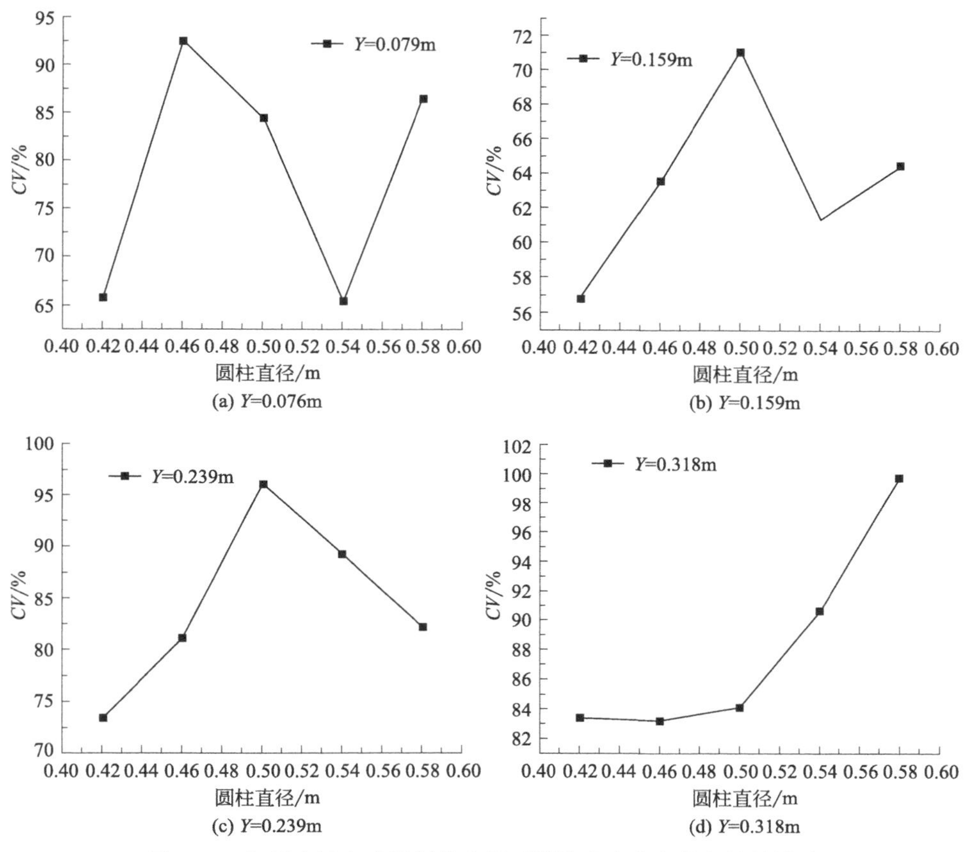

(a) Y=0.076m　(b) Y=0.159m
(c) Y=0.239m　(d) Y=0.318m

图 2-17　相同床层高度下圆柱直径对颗粒速度分布均匀性的影响

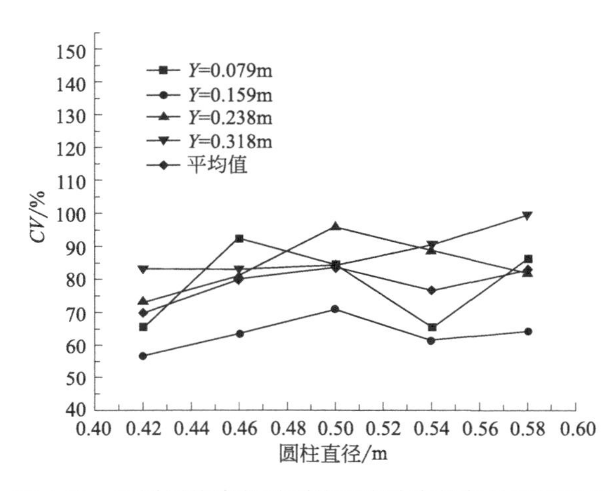

图 2-18　不同圆柱直径对颗粒速度分布均匀性影响对比

的一部分动能被消耗，颗粒的轴向运动反而减弱，喷泉高度越来越低。开孔直径为 0.5m 时，环隙区颗粒的体积分数最大，但能耗相对较小，说明了在该工况下形成的喷泉效果最好，流场均匀度最优。

② 流场 *CV* 值随着床层横截面高度、圆柱直径的增加呈现出一定的波动变化规律，并在圆柱直径 D_o=0.54m（D_i/D_o=0.111）附近达到了极小值，但结合能耗分析，圆柱直径 D_o=0.5m（D_i/D_o=0.12）对红外喷动床内整体颗粒流化作用达到最佳。

2.2 红外喷动床干燥机的设计

2.2.1 实验装置设计与研发

2.2.1.1 喷动床主体结构设计

以预计处理量每小时 20～25kg 为基础，设计的红外喷动床干燥设备整体占用空间 1500mm×1500mm×2100mm（长×宽×高），主要由喷动床主体、带温控系统的红外加热器、轴流风机、物料收集箱以及数据采集系统等组成，设备整体采用循环风设计。图 2-19 为设备安装结构示意图。

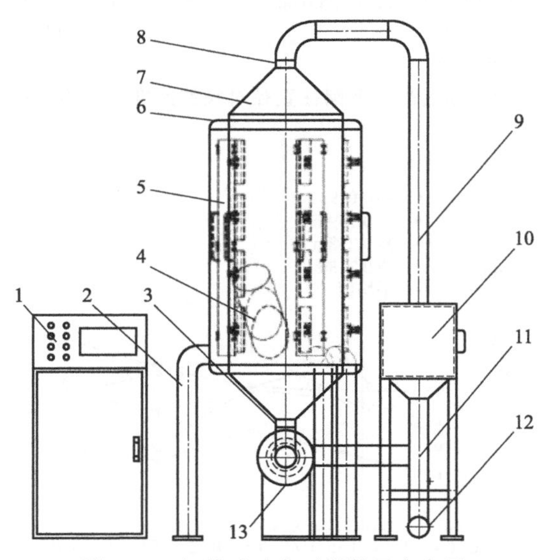

图 2-19 红外喷动床干燥装置方案图

1—控制系统；2—喷动床机架；3—进气口；4—进料口；5—红外加热器；6—隔热层；7—喷动床干燥仓；8—废气排出口；9—回风管；10—物料收集箱；11—一次回风系统；12—百叶窗；13—轴流风机

2.2.1.2 工作原理

该干燥设备是利用喷动床干燥过程中物料多次通过强湍流区，干湿物料在湍流和旋涡作用下，快速搅动并相互渗透，避免了局部过热的优点与红外干燥穿透性强、干燥速度快的优点有机结合。将待干燥物料通过物料入口添加到喷动床内，达到了所需的静态床层高度，此时打开动力装置，提供动力的空气从喷动床底部气流入口进入喷动床内部，通过改变与鼓风机相连的变频驱动装置，风量以小幅度增加，当床层处于完全喷动状态时，再利用红外辐射器产生的红外线频率与物料内部分子发生共振，使物料内部摩擦产热，结合水转化为自由水，在温度梯度的作用下向物料表面移动蒸发，在热风对流作用下，将干燥物多余的水分通过排风口排出。物料在干燥的整个过程中，多余的热能经过回收管回收再次利用，达到了节能减排的作用。喷动床内干湿物料的规律运动、加速、减速以及物料与气体对流的运动，显著地加强了流体与颗粒之间的交换，颗粒与颗粒之间的交换，壁面与流体、颗粒之间的交换，以及流体、颗粒中传热传质过程，从而均匀快速去除物料中的水分，提高产品干燥均匀性。另外，干燥后的产品可以通过控制系统增大风速，在风力作用下将干制品吹出，通过物料回收箱收集，提高了干燥效率。设备整体采用工控机与 PLC 控制，以方便数据采集储存与实时查询。

2.2.2 系统设计与仪器选型

2.2.2.1 红外辐射加热器

基于高扬等的研究报道，该设备选择红外辐射最佳红外线吸收波长为 2.5～100μm 的红外辐射加热板，功率过大造成间歇性加热，导致干燥不均匀；功率过小又不能提供干燥所需的热能，参照魏忠彩等的计算方法，红外功率可在 0～20kW 线性调节。红外辐射加热板尺寸 448mm×100mm×28mm（长×宽×高），而红外辐射加热板的安装位置对物料干燥均匀性有直接关系，彼此之间合理的安装角度能有效提高热用率。通过文献［9］计算公式与文献［10］的理论与研究方法，确定红外辐射加热板 A_1、A_2、A_3 相互间夹角 Ω_1、Ω_2、Ω_3 为 60°时，喷动床内红外线强度分布均匀无死角，加热速度快，红外辐射利用率最高。图 2-20 为红外辐射加热板安装位置剖面结构示意图。

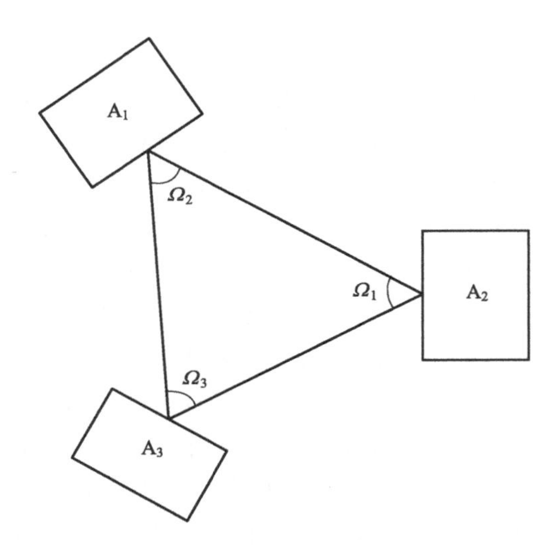

图 2-20　红外辐射加热板安装位置示意图

2.2.2.2　数据采集系统

温控系统由 AI108 系列温控表、智能温度变送器和 Pt100 温度传感器组成。智能温度变送器（圆卡），用于热电阻（RTD）和热电偶（TC）信号输入，二线制 4～20mA 模拟输出，安装于传感器内部，电磁兼容性符合 GB/T 18268—2000 工业设备应用要求（IEC 61326-1)。AI108 系列温控表每秒采样 2 次，整机功耗小于 6W，符合 IEC 61010-1 过电压分类Ⅱ和污染等级 2 安全标准。Pt100 温度传感器安装于喷动床干燥腔中，以监测干燥室的干燥温度，测量范围为－200.0～850.0℃，温度波动均在±1℃范围内，整个过程记录在计算机中。入口处的空气速度由 EXTECH CFM 407113 型风速传感器测量，精度为±2%。

2.2.2.3　动力装置

由于喷动床所需气体流量要求较高而压力要求较低，因此鼓风机由轴流风机驱动。风机在启动时电流消耗会激增，影响风机的正常寿命，还消耗额外的电量。电机的速度是固定不变的，而喷动床干燥过程中需要风速小幅度增加或减小，以改变不同含水量物料的流化速度，以达到均匀快速脱水的效果。变频器可实现电机变速启动，通过改变设备输入电压频率达到节能调速的目的，而且能给设备提供过流、过压、过载等保护功能，因此该设备安装了 AD350 变频器对轴流风机进行改造。

2.2.2.4　回风式空气调节系统

为了二次利用喷动床内排出的热能，降低干燥能耗，该设备采用一次回风空气调节系统，通过回风管将喷动床排风口排出的废气引回到调节机的进气口，与室外新鲜空气按一定比例混合后循环使用，可使进入喷动床内空气的湿度降低到干燥所允许的限度，减小了喷动床进、出口之间的温度变化，从而保证了产品的质量。由于喷动床内外空气温差较大，利用温度较高的循环气与低温室外空气混合，可代替或部分替代加热器的作用，节约了一次加热所耗的能量，减少热损失，达到节能减排的目的。该装置将一次回风空气调节系统与物料回收箱组合安装，有效节省了实验室空间。一次回风空气调节系统如图 2-21 所示。

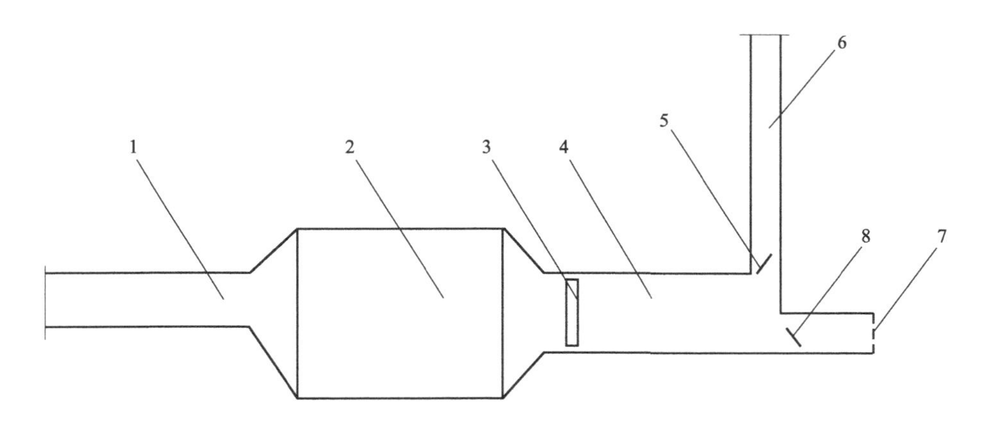

图 2-21　一次回风空气调节系统

1—通风管；2—风机；3—分风板；4—混合室；5—回流蝶阀；
6—回风管；7—百叶窗；8—进气蝶阀

将所有部件按照图 2-19 红外喷动床装备设计图进行中试实验平台搭建，动力装置出风口连接喷动床底部入口，红外辐射板按照图 2-20 进行组装，形成红外喷动床主体干燥仓，红外喷动床顶端出风口与一次回风空气调节系统连接，最终形成红外喷动床联合干燥装置，如图 2-22 所示。

图 2-22　红外喷动床实验平台

2.2.3　小结

针对单一红外干燥存在效率低、损耗高、功能简单及干燥方式调整灵活性差等关键技术问题，突破中短波红外加热系统、喷动床干燥系统、一次回风系统、温度控制系统、风速控制系统、物料回收系统、数据采集系统等组合关键部件及衔接关键技术，创制多功能红外喷动床组合一体化中试干燥装备，实现果蔬产品多功能高效高品质干燥。

2.3　红外喷动床干燥机的干燥性能试验

2.3.1　试验设计

基于自主研制的红外喷动床进行数值模拟结构优化，确定最佳锥体角度为60°，圆柱体直径为0.5m（$D_i/D_o=0.12$），进行装备改进，搭建最新中试实验平台。

2.3.1.1 材料与仪器

材料：

新鲜毛豆：洛阳市大张超市，要求大小均匀无虫害无破损。将毛豆去荚后称取100g置于105℃热风干燥箱中24h后达到绝干，测得初始含水率为(69.0±0.2)%。

仪器：

电子天平：JA2003N型，上海佑科仪器仪表有限公司；

电热鼓风干燥箱：PH-010（A）型，上海一恒科学仪器有限公司；

多功能成像仪：IRI4010型，英国北安普敦IRISYS公司；

色度计：CR-400型，日本Konica Minolta Sensing公司。

2.3.1.2 试验方法

为了对比验证红外喷动床干燥对物料干燥均匀性的效果，进行红外喷动床干燥和红外干燥两组对比试验，测量指标均以样品含水率达到10%时停止干燥，称取37kg新鲜去荚毛豆粒，通过进料口放入喷动床中，再从喷动床内随机抽取5组毛豆粒进行称重，每组20颗，计算其初始平均重量为11.94g。打开动力装置，通过变频器调节进气口风速为$U=1.3U_g$，打开红外加热系统，设置加热温度为75℃开始干燥，每隔30min迅速取出20颗样品进行一次称量，每次测量抽取5组毛豆计算其平均值，称量之后样品放回喷动床干燥仓继续干燥。单一红外干燥中，称取500g新鲜去荚后的毛豆粒均匀平铺于物料托盘上，加热温度设置为75℃，每隔30min迅速取出物料进行一次测量，所有试验均测量3次，最后取平均值。

2.3.1.3 评价指标

(1) 干燥时间

干燥时间是评价设备性能的重要指标，以喷动床和单一红外干燥仓内的毛豆为目标，记录从开始干燥到停止作业时，其干燥所需的时间。

(2) 干燥温度分布

在红外喷动床干燥和单一红外干燥过程中，每隔30min随机选择20粒样品计算红外喷动床干燥和单独红外干燥的含水量分布均匀性。在干燥结束时，将适量样品从干燥室取出，迅速放入靠近干燥装置的玻璃盘中，利用红外热成像仪记录干燥样品表面的加热温度分布。

(3) 感官评价与色差分析

为了研究红外喷动床干燥对毛豆品质的影响，在每次干燥前后，随机选择适量毛豆置于白色瓷盘中进行拍照，然后对图像进行处理和分析，为了避免图像处理中图像质量的变化，光线是恒定的和间接的。将干燥前后的样品切碎、研磨并放入容器中，颜色测量是在色度计上进行的。记录颜色 L^*（亮度）、a^*（红色）和 b^*（黄色）的坐标。色差（ΔE）根据坐标通过式(2-4)计算：

$$\Delta E=\pm\sqrt{(\Delta L^*)^2+(\Delta a^*)^2+(\Delta b^*)^2} \tag{2-4}$$

式中 ΔE——样品色差值；

ΔL^*——样品的亮度；

Δa^*——红色到绿色程度；

Δb^*——黄色到蓝色程度。

每个样品测量 5 次，并计算平均值，测量前，使用标准白板对设备进行校准。

(4) 能耗分析

设备安装了智能电表，用于测量红外喷动床干燥设备和单一红外干燥对干燥能耗的影响。以智能电表所记录干燥结束与干燥开始时的读数差作为干燥过程所消耗的电能。

2.3.2 干燥性能评估与分析

2.3.2.1 干燥耗时

按照 2.3.1.2 试验方法和步骤进行试验，测得在红外喷动床干燥与单一红外干燥条件下样品含水率随干燥时间变化的干燥曲线图如图 2-23 所示。单一红外干燥需要 270min 才能达到样品所需的含水量，而红外喷动床干燥整个过程仅需 160min，干燥时间缩短了 40.7%。由此可见，喷动床干燥有利于提高单一红外干燥效率，降低干燥时间，加快干燥速率。

2.3.2.2 干燥温度分布

图 2-24 显示了不同干燥方法的样品的最终温度分布。与单一红外干燥相比，红外喷动床干燥过程中毛豆表面温度相对较低，可能是因为喷动床干燥仓内干湿物料在气流作用下相互渗透，增强了介质间的质热传递效率，并且经过一次回风系统的热空气带走了物料表面一部分热量，提高了物料的散热效果。单一红外干燥中样品表面温度比红外喷动床干燥样品表面温度高得多，而且单

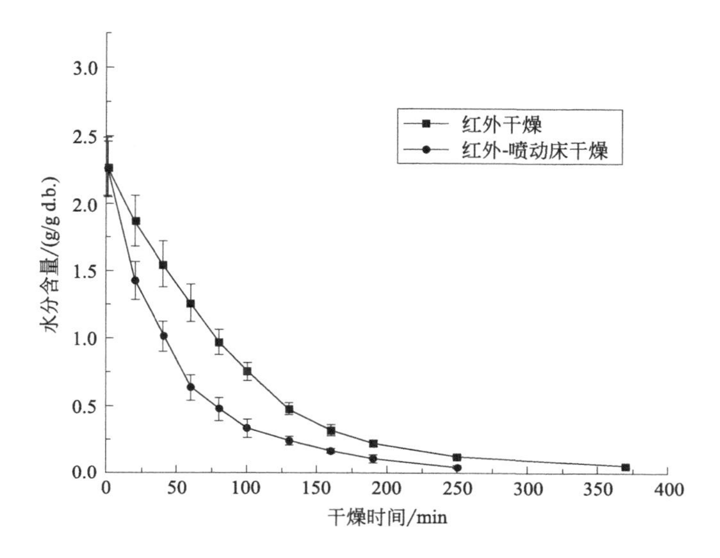

图 2-23　干燥方法对毛豆干燥特性的影响

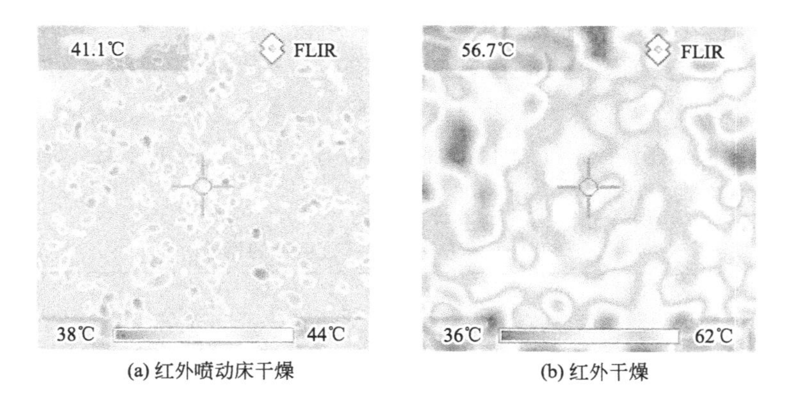

(a) 红外喷动床干燥　(b) 红外干燥

图 2-24　不同干燥方法干燥的毛豆的热像图

一红外干燥样品最高点和最低点之间的温度差为 26℃，但在红外喷动床干燥中最高点和最低点之间的温度差仅为 6℃，平均温度相差 15.6℃（27.5%），表明红外喷动床干燥样品的温差更小，物料表面温度分布更加均匀，产生这种现象的原因可能是红外喷动床干燥中的喷动床使样品受热更快、更均匀。

2.3.2.3 感官与色泽分析

表 2-8 为红外喷动床干燥和单一红外干燥毛豆的品质比较。从形状上看，红外喷动床干燥后的毛豆表面较光滑，且呈亮绿色，颜色与新鲜样品差异不大，色泽较好。而单一红外干燥的毛豆粒由于表面温度分布不均匀，物料表面水分不能及时去除，内外温差大，导致豆仁干瘪，表皮皱缩严重，呈枯黄色。在香气方面，红外喷动床干燥的毛豆散发出新鲜的豆香味，而单一红外干燥的毛豆则产生“烧焦”的气味，这是因为在干燥后期随着毛豆水分的降低，内部温度分布不均匀产生了局部过热，这说明红外喷动床对单一红外干燥产品品质和干燥均匀性有明显改善。

表 2-8 干燥方法对毛豆感官品质的影响

干燥方式	外观	色泽	滋味、气味
红外干燥	表皮干瘪，整体皱缩严重	豆皮呈褐绿色，表面暗淡	有焦煳味
红外喷动床干燥	表皮光滑，较为完整	颜色变化小，豆皮呈亮绿色	有豆香味

表 2-9 为红外喷动床干燥和单一红外干燥对毛豆粒色泽的影响。结果表明，单一的红外干燥样品 a^* 值为 −3.36，新鲜毛豆样品的 a^* 值为 −12.16，说明单一红外干燥毛豆的颜色已转为暗红色。红外喷动床干燥的 ΔE（13.24）最小值，说明红外喷动床干燥毛豆粒与新鲜毛豆粒色差不大。这是因为喷动床内物料的规律流动改善了红外干燥加热不均匀、温度过高的不足，从而保证了样品原有的颜色。

表 2-9 干燥方法对毛豆粒色泽的影响

样品	色泽			
	L^*	a^*	b^*	ΔE
新鲜样品	72.16 ± 0.28^a	-12.16 ± 0.41^a	35.16 ± 0.23^a	—
红外喷动床干燥样品	63.41 ± 0.27^a	-7.71 ± 0.15^c	26.44 ± 0.32^c	13.24 ± 0.21^b
红外干燥样品	49.37 ± 0.61^c	-3.36 ± 0.54^d	23.05 ± 0.74^d	27.11 ± 0.72^a

注：同一列上标字母不同表示差异显著（$p \leq 0.05$）。

2.3.2.4 能耗

红外喷动床干燥设备的能耗量主要来自动力装置和红外加热系统。对红外喷动床干燥设备和单一红外干燥的干燥过程进行能耗统计，结果发现，单一红外干燥消耗用电量 13.5kW·h，红外喷动床干燥设备消耗用电量 9.3kW·h，与单一红外干燥过程相比，红外喷动床干燥设备节约能耗 31.1%。说明红外喷动床干燥设备缩短了干燥时间，降低了干燥能耗。

2.3.3 小结

与单一红外干燥设备相比，红外喷动床干燥设备能有效缩短干燥时间，提高产品干燥的均匀性，改善毛豆干制品品质，物料表面平均温度减小了 15.6℃（27.5%）。同时，该设备还采用一次回风式空气调节系统，最大量反复使用喷动床排出的废气，可以精确和灵敏地调节干燥室内的温度和湿度，节约了加热空气热源。与单一红外干燥过程相比，红外喷动床干燥设备节约能耗 31.1%。

参考文献

[1] MOLINER C, MARCHELLI F, SPANACHI N, et al. CFD simulation of a Spouted Bed: comparison between the Discrete Element Method (DEM) and the Two Fluid Method (TFM) [J]. Chemical Engineering Journal, 2018, 377: 63-73.

[2] LIU G Q, LI S Q, ZHAO X L, et al. Experimental studies of particle flow dynamics in a two-dimensional spouted bed[J]. Chemical Engineering Science, 2008, 63 (4): 1131-1141.

[3] HE Y L, LIM C J, GRACE J R, et al. Measurements of voidage profiles in spouted beds[J]. Canadian Journal of Chemical Engineering, 2010, 72 (2): 229-234.

[4] HE Y L, QIN S Z, LIM C J, et al. Particle velocity profiles and solid flow patterns in spouted beds[J]. The Canadian Journal of Chemical Engineering, 1994, 72 (4): 561-568.

[5] LIU X J, WEN Q. Evaluation on the effect of conical geometry on flow behaviours in spouted beds[J]. The Canadian Journal of Chemical Engineering, 2013, 92 (4): 768-774.

[6] 高扬，解铁民，李哲滨，等．红外加热技术在食品加工中的应用及研究进展[J]. 食品与机械，2013，29 (2)：218-222.

[7] 魏忠彩，孙传祝，张丽丽，等．红外干燥技术在果蔬和粮食加工中的应用[J]. 食品与机械，2016，32 (1)：217-220.

[8] KHIR R, PAN Z, SALIM A, et al. Moisture diffusivity of rough rice under infrared radiation drying[J]. LWT-Food Science and Technology, 2011, 44 (4): 1126-1132.

[9] 谢小雷，张春晖，贾伟，等．连续式中红外-热风组合干燥设备的研制与试验[J]. 农业工程学报，2015，31 (6)：282-289.

[10] 汪喜波．红外辐射与对流联合干燥的理论分析及试验研究[D]. 北京：中国农业大学，2003.

第3章

红外喷动床干燥怀山药休闲食品

3.1 怀山药休闲食品开发现状

休闲食品方便即食，可以在正餐之间补充能量，也可以放松心情，有利于身心调节和情绪转移。随着居民生活水平的不断提高，休闲食品已经升级为日常必需品，根据商务部发布的数据显示，2019 年我国零食行业年总产值超过 20000 亿元。薯片备受消费者欢迎，消费市场巨大，当前市场规模已超过 300 亿元。传统薯片多为油炸、膨化产品，具有高盐高脂肪的缺点。当前人们在选择休闲食品时更看重健康性和功能性，开发一款低脂、低糖、低盐分的新型休闲食品可以迎合消费者的健康需求。

怀山药（*Dioscorea spp.*）是我国传统药材，富含营养功能因子，素有怀参之称，为我国典型的传统植物和药食营养同源的草本植物，营养成分丰富。其块茎中富含大量蛋白质、膳食植物纤维、活性多糖、钾、磷、铁等多种营养物质。自古以来人们对怀山药的食用和药用价值进行了诸多探索和记载，《神农本草经》中记载怀山药具有主建中补虚、除寒热邪气、补中益气力、长肌肉、久服耳目聪明的功能。近些年来的研究表明，山药多糖可增强人体抵抗力。有学者以怀山药为主要原料，以益生菌为发酵剂对怀山药进行发酵，得到了一款兼备怀山药功能性和益生菌胃肠道调节能力的保健饮料。人们生活水平不断提高，但生活节奏越来越快，人们对养生越发重视，怀山药所具备的营养价值和良好的口感受到了消费者的青睐。怀山药除可以鲜食外也常被加工干制，得到的干制山药便于保存和运输。然而目前在怀山药干燥领域仍有诸多问题有待解决，如干燥时间长、能耗高、硫超标、褐变、产品组织塌陷、有效成分功能衰退等问题，不能满足市场需求。近年来以怀山药为原料的主要休闲产品以油炸和膨化类为主，功能性活性物质流失较为严重，且所含脂肪和热量较高，增加了心脑血管类疾病的风险。因此开发一款绿色、健康，具有功能性的怀山药休闲食品，不仅可以满足社会发展需要，同时符合健康中国行动实施意见的要求。

3.2 益生菌浸渍怀山药休闲食品概述

随着人们生活水平的提高和消费升级的大趋势，休闲食品行业市场规模不断扩大，休闲食品种类越来越丰富，在诸多产品当中，营养和健康越来越成为消费者关注的核心。消费者对休闲食品的要求不断提高，中高端休闲食品市场规模不断扩大已逐渐成为日常生活必需品，在未来的发展中市场仍会不断扩大。在健康、营养化的休闲食品研究方向上，功能性休闲食品的开发备受关注，其中具有改善胃肠道功能的食品如膳食纤维类功能性食品、功能性低聚糖和多糖类功能性食品、益生菌及其制剂类功能性食品是近年来休闲食品开发研究的热点。

传统益生菌类休闲食品多为发酵乳或乳制品，其保质期短，且不适宜乳制品过敏人群。专家学者对以果蔬为载体的益生菌功能性食品所具有的多重健康效益进行了一系列加工研究。张敏佳等人采用益生菌发酵果蔬汁，发现发酵产物具有降低机体脂肪、利于排便的功能。李汴生等人采用植物乳杆菌对常见果蔬进行榨汁发酵，结果发现产品呈香物质增多，感官品质更佳。Christian 等人也阐述了水果作为健康零食与一些生物活性成分（如益生菌）之间的有益协同作用，有可能引领功能食品的创新。Noorbakhsh 等人将苹果作为益生菌载体，采用真空辐射能（radiant energy under vacuum，REV）对益生菌浸渍苹果片进行干燥，结果表明采用苹果承载益生菌制备富集益生菌果干休闲食品，可以避免益生菌在酸性胃肠道环境中失活，为开发一种有市场价值的富含益生菌的苹果零食提供了理论依据。在果蔬组合益生菌功能性食品研究过程中，发现山药对益生菌在肠道中的生长增殖有促进作用，在功能性食品当中可通过山药和益生菌的协同作用来调节肠道菌群。Zhang 等人在研究中发现山药可以缓解抗生素相关性腹泻，使益生菌双歧杆菌和乳酸杆菌分别增加 47%和 21%，潜在病原肠球菌和产气荚膜梭菌分别减少 8%和 27%，有助于修复肠道菌群紊乱。Meng 等人发现山药可促进鲤鱼胃肠道益生菌生长，抑制病原菌。刘露等人在研究中发现怀山药多糖可为益生菌提供发酵底物，短链脂肪酸等发酵产物有助于建立肠道保护屏障。黄天等人采用益生菌发酵山药粉得到的发酵饮料具有减肥和降血脂的功效。

3.3 益生菌浸渍怀山药休闲食品的制备方法

益生菌浸渍怀山药休闲食品制备方法主要分为两个步骤：浸渍富集和干

燥。浸渍富集工艺参数的选择对益生菌在怀山药组织细胞间隙富集程度影响较大，而干燥工艺参数的确定则决定经过干燥处理后的富集益生菌怀山药中保留的活菌数。目前食品加工领域常用的浸渍技术主要有：常压浸渍、加热浸渍、真空浸渍、超声浸渍等。其中真空浸渍具有安全节能高效的特点，成为食品浸渍领域研究的热点。果蔬脆片的制备方法主要有：热风干燥、微波冷冻干燥、红外辐射干燥、喷动床干燥等。在益生菌浸渍怀山药休闲食品的制备过程中，不同的工艺参数会对产品的营养成分及品质产生不同程度的影响，因而在生产过程中选择合适的工艺方法，并对工艺进行优化至关重要。

3.3.1 富集技术

3.3.1.1 常压浸渍

常压浸渍是由浓度差为动力推动的扩散富集行为，可将溶质物质如糖、盐、香料等通过扩散渗透进入目的食品内部，是一种常规的浸渍技术，是食品加工贮藏领域常用技术手段。在肉类产品加工过程中添加食盐、硝酸盐或亚硝酸盐、糖等来处理肉类以防止变质，延长食用期。水果和蔬菜的贮藏中通常使用高浓度的盐或糖溶液来增加食物组织外的渗透压，该方法历史悠久，常用来抑制细菌生长，防止腐败，但在加工过程中耗时较长，且氧化较为严重，造成营养物质大量流失。

3.3.1.2 真空浸渍

真空浸渍技术（vacuum impregnation，VI）是一种新型的浸渍技术，利用环境压力变化使物料发生形变，排出组织内气泡，增大物料孔隙结构，在复压过程中浸渍液顺压差由物料孔隙进入物料内部，使得浸渍液与物料组织内的液体或气体进行交换。在真空浸渍过程中，物料浸泡在富集目标物质溶液中，置于密闭容器进行抽真空，在一定压强的作用下，物料内部毛细管内的气体产生膨胀并排出，该过程伴随物料形变导致的组织液渗出，复压过程中密闭环境气压恢复大气压，物料产生的形变逐渐恢复，此时浸渍液向物料组织内部迁移主要有三个动力：一方面是环境气压变化产生的压力差，浸渍液顺压力差从较高压强迁移至物料内部较低压强区域；另一方面，浸渍液浓度高于物料内部，可顺浓度差从高浓度区向物料内部低浓度区迁移；此外，物料在抽真空时产生膨胀，复压时恢复，内部孔隙空间发生变化，对浸渍液有内吸的压力。在上述动力下，浸渍液可以顺利浸渍载体物料内部。真空浸渍通过改变压强先打破载体物料的压力平衡状态，复压过程快速恢复平衡状态，该过程推动了物质迁移扩散，大大节省了浸渍时间，提高了浸渍效率。

在真空浸渍过程中，主要有三个过程：抽真空、物料产生形变和排气、复压。在这三个过程中，抽真空时间（即物料在真空中浸渍的时间）、真空度、复压时间、温度、物料组织孔道结构均会对富集效果产生影响。不同的果蔬物料其组织形态不一样，对压力的反应也不同，真空环境中不同的浸渍时间、不同的真空度会对其组织结构形变和排气程度有影响。复压时间则影响果蔬物料组织复原的程度，同时决定目标溶质的程度。因此真空浸渍时间、真空度、复压时间对怀山药中益生菌富集效果的影响具有深入研究和探讨的意义。

怀山药属于块茎，其组织内含有大量细小的孔隙结构和运输物质的维管束，基本组织中具有大量薄壁细胞以及导管和筛管。因此怀山药块茎组织结构具有一定韧性，在真空浸渍过程中组织变形松弛及复压后组织舒展均为缓慢的过程，抽真空时间和复压时间均会影响益生菌渗入怀山药组织孔隙的密度。李晗等人采用真空浸渍技术将钙离子富集到鲜荸荠中，发现抽真空时间和浸渍温度对富集结果影响显著；Aprajeeta 等人发现孔隙率在质量传递中起着关键作用；Lapsley 等人发现果蔬组织间隙在 21～35nm 之间时适合将益生菌固定于果蔬细胞间隙；崔莉等人发现胡萝卜细胞间隙约为 1～10μm，益生菌富集效果良好；Duan 等人在研究中测定怀山药在干燥过程的孔径分布范围约为 10～106nm，适宜作为富集益生菌的果蔬原料。

3.3.2 山药干燥加工概况

干燥加工是一种常见的山药加工方式，具有显著延长产品货架期、易运输储存的优势，引起研究者们的广泛关注。此外，作为药物使用的山药，干燥是其加工中的一个重要环节，最大程度保持原材料中富含的功能性成分是选择适宜的干燥方式的依据。最传统的山药干制主要采用自然晾干、风干或烘干，不仅生产力低下，且产品品质难以保证。顾振新等研究表明，在 45℃下进行的热风干燥能降低山药中多酚氧化酶和过氧化物酶活性，减轻酶促褐变，使干制品保持良好的色泽，同时山药表面的黏液质膜不易被破坏。酒曼报道了山药片变温热风干燥工艺，与恒温干燥相比，改善了山药变黑、干缩及硬化现象，使山药品质得到提升，并且降低了干燥能耗。张雪等研究了微波真空干燥对山药品质的影响，表明温度为 50℃的微波真空干燥制得的干燥山药色泽保持好，多糖损失率低。高琦等对比了 4 种干燥方式对山药脆片香气的影响，结果表明冷冻干燥山药脆片的香气品质最佳，其次是膨化干燥、真空干燥和热风干燥。

张乐道等以干制山药片的冲泡营养溶出性为指标，评价了最佳干燥工艺下热泵干燥与红外干燥的优劣，结果表明红外干燥的山药片溶出性更强。任丽影研究了5种干燥方式(常压冷冻干燥、微波辅助真空冷冻干燥、真空冷冻干燥、真空干燥和热泵干燥）对怀山药切片干燥特性和干燥品质的影响，结果表明常压冷冻干燥和微波辅助真空冷冻干燥得到的干制品品质与真空冷冻干燥相当，均优于真空干燥和热泵干燥，并且两种新型冻干方式与真空冷冻干燥相比显著降低了能耗。

作为山药干物质的主要组分，山药淀粉及其全粉的加工方式及品质特性也受到广泛关注。葛邦国等研究了山药粉滚筒干燥工艺。于倩楠研究了山药粉喷雾干燥加工工艺及贮藏期间的品质保持情况。刘亚男采用热风干燥、喷雾干燥、微波真空冷冻干燥、真空冷冻干燥和喷雾冷冻干燥5种干燥方式制备山药全粉，评价了全粉的流变特性、抗氧化能力及加工性能。金金研究了山药熟全粉、黏液质粉、沉淀物酶解粉的加工工艺，为产品的开发利用提供新思路和实验基础。Chen等比较了风干、硫熏干燥、热风干燥、冷冻干燥和微波干燥5种干燥方法对山药粉末性质、生物活性成分、健脾养胃活性及淀粉分子结构的影响，为山药全粉的加工方式选择提供依据。

3.4 山药浸渍益生菌工艺优化

食品浸渍是一种古老的技术，早期人们通过将食品浸渍于食盐、蔗糖、白酒、酱醋、香料等浸渍材料中，以达到提高食品中离子浓度，抑制腐败菌生长的目的。如常见的腊肉、果脯、泡菜等食品均使用浸渍改善产品品质，延长保质期。传统浸渍工艺如盐渍、烟熏等加工易对食品中营养成分造成破坏，并且产生小分子氧化产物，对人体健康造成危害。此外传统浸渍方法多为常压浸渍，浸渍液中的小分子物质很难在食品内部富集。随着科技手段进步，人们对食品浸渍工艺有了更多的研究。其中真空浸渍是一种利用压差提高浸渍效率的富集技术，该技术通过气压变化使物料产生形变，排出组织内空气并产生孔隙，使浸渍液内离子、活性小分子在复压过程中随压力差及浓度差进入物料内部。

国内外采用真空浸渍技术对鱼肉、大头菜、苹果等材料进行了富集，对食品进行了钙离子强化、益生菌优化、食盐腌制等处理。真空浸渍技术具有防止褐变、减少物料塌陷、缩短浸渍时间等优点，可有效地保护食品色泽、组织形态，大大缩短浸渍时间，减少能源消耗，并降低有害物质生成的风险。影响真空浸渍富集效果的因素主要有抽真空时间（即物料在真空中浸渍的时间)、真空度、复压时间、温度、物料组织孔道结构。不同的果蔬物料其组织形态不一样，对压力的反应也不同，真空环境中不同的浸渍时间、不同的真空度会对其组织结构形变和排气程度有影响。复压时间则影响果蔬物料组织复原的程度，同时决定目标溶质的程度。因此真空浸渍时间、真空度、复压时间对怀山药中益生菌富集效果的影响具有深入研究和探讨的意义。

3.4.1 试验方法

3.4.1.1 益生菌液的制备

将复合益生菌冻干微胶囊（各菌种质量比为嗜酸乳杆菌 Lactobacillus acidophilus LA1063：副干酪乳杆菌 Lactobacillus paracasei LPC12：嗜热链球菌 Streptococcus thermophilus ST30：鼠李糖乳杆菌 LRH10＝1∶1∶1∶1）溶解于质量浓度为0.85%的生理盐水中，于均质机中5000r/min条件下均质3min，制得浓度为（$7.5\pm0.1\times10^{11}$）CFU/mL复合益生菌微胶囊均质液。

3.4.1.2 怀山药浸渍益生菌富集工艺流程

（1）工艺流程

挑选材料→清洗→沥干→去皮→切块→烫漂→浸渍→沥干→菌落总数测定。

（2）工艺操作要点

① 挑选原料：怀山药要求新鲜、无机械损伤。

② 清洗原料：将清洗去皮后的怀山药切成立方体的颗粒［$(10\times10\times10)mm^3$］。

③ 烫漂：将切好的怀山药颗粒在高温蒸汽（105℃±2℃）中烫漂90s，至去生且不绵软的程度时，迅速取出并放入经灭菌的冰水（4～8℃）中冷却60s。

④ 浸渍：将冷却过的怀山药颗粒置于装有浸渍液的锥形瓶内，浸没于益生菌微胶囊均质液（料液比为1∶8），采用透气组织培养半透膜对锥形瓶进行密封，将密封好的锥形瓶置于真空桶内，进行抽真空浸渍。

⑤ 菌落总数测定：按照国标GB 4789.2—2016中的要求进行测定。

3.4.1.3 怀山药浸渍益生菌富集工艺单因素试验设计

通过前期预实验，结合刘莹萍的方法，确定怀山药浸渍益生菌富集试验工艺较为合理的参数指标范围。

(1) 抽真空时间对怀山药方粒中益生菌富集程度影响

在复压时间为 15min，温度为 37℃，真空度相对压力值为－0.05MPa，益生菌液浓度 7.5×10^{11}CFU/mL 的条件下，分别测定在抽真空时间为 5min、10min、15min、20min、25min 条件下怀山药颗粒中的益生菌菌落总数。

(2) 复压时间对怀山药方粒中益生菌富集程度影响

在抽真空时间为 15min，温度为 37℃，真空度相对压力值为－0.05MPa，益生菌液浓度 7.5×10^{11}CFU/mL 的条件下，分别测定在复压时间为 5min、10min、15min、20min、25min 条件下怀山药颗粒中的益生菌菌落总数。

(3) 真空浸渍压强对怀山药方粒中益生菌富集程度影响

在抽真空时间为 15min，复压时间为 15min，温度为 37℃，益生菌液浓度 7.5×10^{11}CFU/mL 的条件下，分别测定在抽真空度相对压力值为－0.01MPa、－0.03MPa、－0.05MPa、－0.07MPa、－0.09MPa 条件下怀山药颗粒中的益生菌菌落总数。

3.4.1.4 怀山药浸渍益生菌富集工艺正交试验设计

根据怀山药浸渍益生菌富集工艺单因素试验的结果，选取抽真空时间、复压时间、真空浸渍压力的较优参数范围，采用 $L_9(3^4)$ 正交试验设计表进行正交试验。以怀山药中富集菌落总数为评价指标，分析抽真空时间、复压时间、真空浸渍压力（真空压强）对怀山药浸渍益生菌富集的影响程度，并对工艺进行优化。正交试验因素及水平设计如表 3-1 所示。

表 3-1 真空浸渍工艺优化的因素水平

水平	*A* 抽真空时间/min	*B* 复压时间/min	*C* 真空压强/(－MPa)
1	10	10	0.01
2	15	15	0.05
3	20	20	0.09

3.4.1.5 怀山药浸渍益生菌富集试验

(1) 菌落总数（colonies number）的测定

按照国标 GB 4789.2—2016 执行，做简单说明如下：

记录样品匀液稀释倍数和相应的培养基菌落数量，菌落计数以菌落形成单位（colony-formingunits，CFU）表示。两个连续稀释浓度的计数平板聚落数在30～300CFU范围内时按式(3-1)进行计算：

$$N=\frac{\sum C}{(n_1+0.1n_2)d} \tag{3-1}$$

式中，N为怀山药中菌落数；$\sum C$为适宜计数平板菌落数之和；n_1为低稀释倍数平板个数；n_2为高稀释倍数平板的个数；d为稀释因子，即低稀释倍数。

若平板中菌落数不在30～300CFU范围内，则将最接近此范围的平板菌落数求平均数，乘以稀释倍数记为怀山药中菌落总数。

（2）物性变化（textural changes）分析

真空浸渍过程，伴随着怀山药结构的变化，其物性也发生变化，通过穿刺测试可得到样品的硬度（hardness）、紧实度（firmness）、脆性（brittleness）等质构指标。具体测试参数为：选用Puncture P/2测试探头，采用压缩分析测试模式。目标模式：压力应变模式。测前速度1mm/s。测试速度1mm/s。触发器类型：力量自动模式，触发值10g。返回速率1mm/s。穿刺距离：样品厚度60%。样品重复测试5次，取平均值。

（3）扫描电镜（scanning electron microscope）微观分析

采用TM3030Plus扫描电镜，观察益生菌浸渍后怀山药方粒的益生菌位置和微观结构。对样品进行分析，以分析益生菌渗入怀山药组织的程度。扫描电镜放大倍数设置为3000倍，扫描电子显微图像是在怀山药样品内的随机位置拍摄的，选择具有普遍性和有代表性的图像。

（4）数据处理方法

运用DPS（Ver. 15. 10）进行正交试验设计，并对试验数据进行处理和方差分析，运用Origin 2017进行作图分析。

3.4.2 真空浸渍工艺参数对怀山药富集益生菌总数影响

3.4.2.1 抽真空时间对怀山药方粒中益生菌富集程度影响

如图3-1所示，在真空富集益生菌的过程中，怀山药中益生菌富集数（菌落总数）随着抽真空时间的延长，呈现先增大后逐渐趋于稳定的规律，在抽真空时间为20min时达到最大富集密度4.79×10^8 CFU/g，可能由于随着怀山药在真空环境中处理，组织结构逐渐发生形变，组织中的气体及组织液顺压差排出，怀山药产生孔隙。真空浸渍所富集的活菌数与物料产生的孔隙度相关，在5～20min内随着真空浸渍时间的延长，怀山药的孔隙度变大，在复压的过程中，怀山药内部压力小于环境压力，孔隙度更大的怀山药会有更多的益生菌匀液顺压差通过孔隙进入组织内部并填满孔隙。

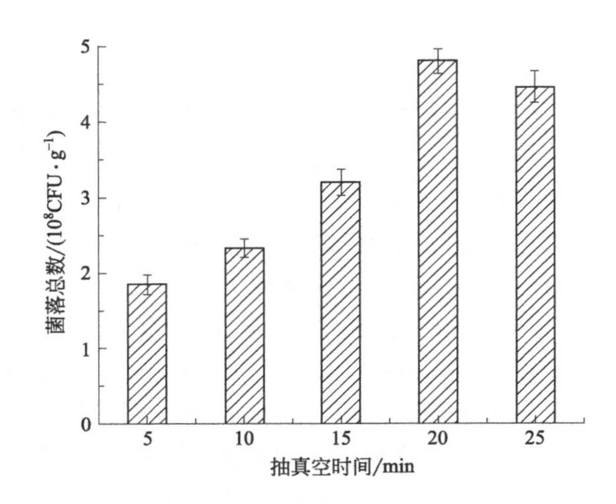

图 3-1　不同抽真空时间条件下怀山药方粒中益生菌菌落总数

在 20～25min 活菌数并未明显增加，且有轻微的降低趋势，可能是因为随着抽真空时间延长，到达 20min 时孔隙度增大到峰值，能够容纳益生菌液的空间达到最大，继续处于真空环境下，压力差带来的压力值超出怀山药内部组织的韧性发生断裂，怀山药组织对益生菌匀液的保留能力下降，在微生物学检验的前处理沥干步骤，部分益生菌匀液外流，该现象将导致在干燥过程中已浸润在怀山药组织内部和孔隙中的益生菌匀液外渗，不利于干制品中益生菌的保留。在设定的抽真空时间梯度中，可选用抽真空时间 20min，以最大限度保证益生菌匀液进入怀山药组织内部，且尽可能地保留。

3.4.2.2　复压时间对怀山药方粒中益生菌富集程度影响

真空浸渍通过气压变化使物料产生形变，排出组织内空气并产生孔隙，使浸渍液内离子、活性小分子在复压过程中随压力差及浓度差进入物料内部。如图 3-2，在复压时间 5～10min 过程中，大量益生菌匀液随浓度差和压力差经由怀山药孔隙结构进入组织内部并充满孔隙。随着复压时间延长，怀山药中富集的益生菌活菌总数所测定的菌落总数并没有显著变化，可见在复压过程中，一方面由于怀山药组织本身具有的韧性和弹性，使部分在抽真空阶段已排出气泡的组织孔隙在 5～10min 之间逐渐恢复并吸入益生菌匀液。

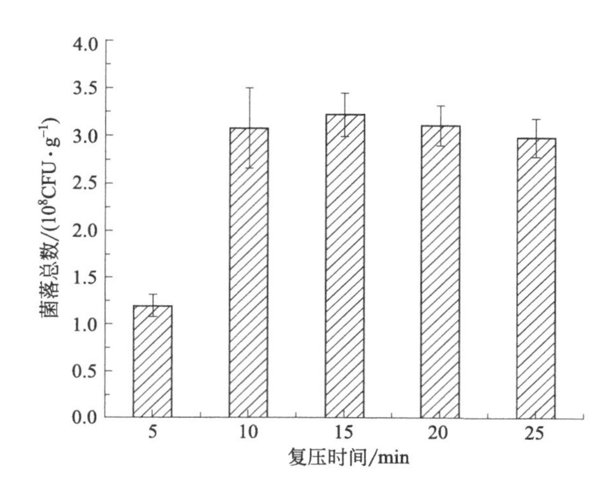

图 3-2 不同复压时间条件下怀山药方粒中益生菌菌落总数

另一方面部分组织结构存在松弛现象，益生菌液可以快速填充，益生菌匀液在 10min 时充满怀山药组织孔隙，随后不再发生益生菌浸渍液与怀山药之间大量益生菌匀液的迁移流动。因此最适复压时间为 10min，可在复压 10min 时停止复压，以缩短加工时长，避免在加工过程中的氧化等质量劣变。

3.4.2.3 真空度对怀山药方粒中益生菌富集程度影响

植物组织由薄壁组织、纤维组织构成，在植物生长过程中可以避免受到外界压力等危害。山药食用部分属于薯蓣科植物薯蓣的块茎，组织内部有薄壁细胞、韧性纤维组织和维管束。生山药切块微观结构显示，细胞壁中存在密集的淀粉颗粒，且易产生断裂面，这些微结构决定了怀山药组织具有孔隙结构，同时有一定的耐压能力。

常压下，怀山药有效孔隙率低，益生菌匀液进入组织内部的主要方式是自由扩散和维管束浸润。在一定真空压力下，怀山药组织结构发生形变，复压过程中，组织内外产生压差，益生菌匀液随压差及浓度差通过结构形变产生的孔隙顺势进入组织内部。由图 3-3 可以看出，在－0.03～－0.09MPa 之间，随着真空度的增大，单位质量怀山药组织内部富集的益生菌活菌总数增多，在本研究试验条件下在－0.09MPa 时达到最大 7.11×10^8CFU/g。真空度在－0.01～－0.03MPa 之间益生菌富集程度有一个下降，可能是因为在低真空度下怀山药组织孔隙展开得不够，并且存在一定水分，自由度增大，但未完全排出组织内部，在复压过程中益生菌匀液受到一定阻力。有学者在采用真空浸渍对苹果进行营养强化时也发现了该现象。

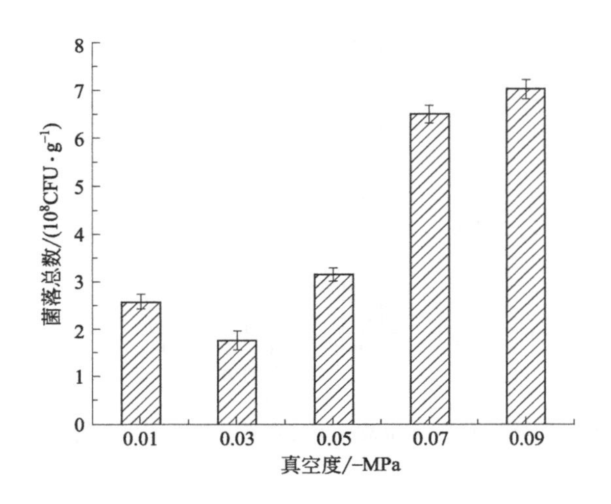

图 3-3 不同真空度条件下怀山药方粒中益生菌菌落总数

3.4.3 真空浸渍工艺参数对怀山药物性指标影响

3.4.3.1 抽真空时间对怀山药方粒物性指标影响

物性指标是衡量果蔬制品优劣的关键指标之一。在真空浸渍技术中，由于采用真空压差对物料进行抽压排气，使物料产生了一定的形变，在复压过程中，组织发生回弹，同时也会产生不可逆的松弛现象，该现象在有利于富集益生菌的同时，也对物料的物性指标产生了影响。在针对真空浸渍工艺参数对益生菌富集程度的影响时，也可结合物料物性的变化来进一步解释富集效果好坏的原因。在穿刺试验中，硬度（hardness）和紧实度（firmness）常作为评判物料质地变化的指标。其中硬度为探头穿刺物料过程中 4～8s 时的平均力值，代表果肉的质地特性，紧实度是指探头穿刺后抽出物料时力量曲线上的负峰面积值，表示物料的紧实度。

由图 3-4 可看出在抽真空时间 5～10min 之间硬度有所下降，紧实度升高，可能是由于较短时间内怀山药组织内部发生形变较为轻微，主要发生在物料表面。

怀山药在抽真空过程中组织发生膨胀，内部气体排出同时有部分组织液流

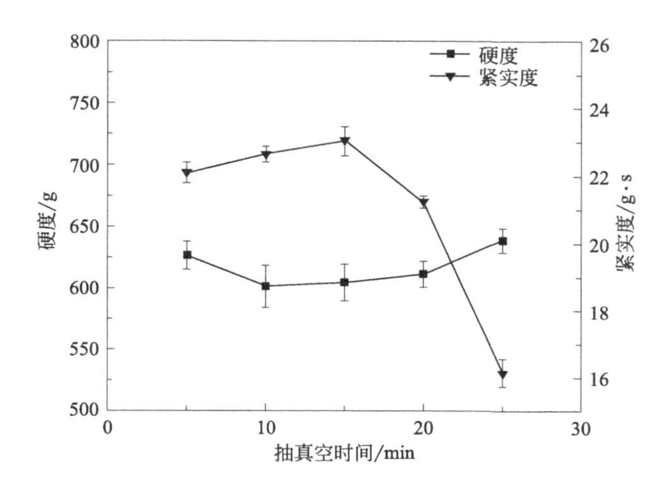

图 3-4　不同抽真空时间条件下怀山药方粒物性指标

出，在较短真空环境浸渍时间内，怀山药孔隙尚未完全打开，益生菌匀液在复压中难以达到物料内部，造成表层浸润的现象。由于表层浸润益生菌液，对探头具有黏滞作用，造成紧实度升高的现象。随着抽真空时间的延长，物料硬度增大紧实度下降，是由于在足够的抽真空时间下，怀山药组织排气完毕并排除部分组织液，复压完成后，组织内部充满密度更大的益生菌匀液，提高了怀山药的组织韧性，在穿刺过程中对探头阻力增大。由于抽真空过程会使怀山药组织孔隙增大，存在一定的组织松弛现象，在穿刺过程中探头对组织内薄壁细胞造成破坏，在穿刺结束后探头上升过程中，组织对探头的滞留力量变小。

3.4.3.2　复压时间对怀山药方粒物性指标影响

图 3-5 展示了怀山药经不同复压时间处理后物性指标，在相同的真空浸渍时间及真空度条件下，复压时间对物料硬度影响不显著（$p>0.1$），随着物料形变的恢复，益生菌匀液在 5～10min 内可以充满怀山药组织孔隙，15min 后菌活数达到最高。因此在 5～10min 之间随着益生菌匀液的涌入，怀山药组织孔隙中充满益生菌匀液，益生菌匀液具有黏性，使组织内部细胞壁的应力增大，增强了组织细胞的机械强度。

复压时间对紧实度影响显著（$p<0.05$），随着复压时间延长，紧实度增大。经过真空浸渍和复压后怀山药内部富集了益生菌匀液，形成了新的平衡体系，由于益生菌匀液具有一定的黏性，且益生菌细胞在一定程度上填充了怀山

药组织孔隙，使怀山药在穿刺侧后过程对探头产生滞留力。在复压时间为20min时紧实度达到最大20.121g·s，当继续延长复压时间，紧实度有所下降，可能是因为受压强差和浓度双重作用，益生菌匀液涌入组织孔隙，导致部分细胞壁和维管束产生破裂，造成细胞间的黏聚力降低。

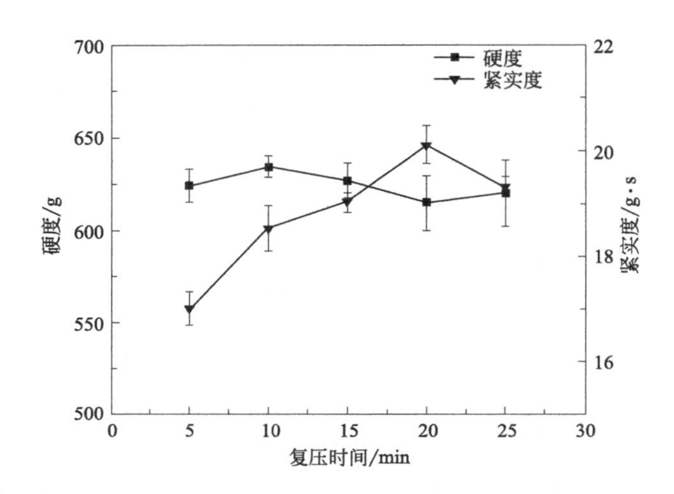

图 3-5 不同复压时间条件下怀山药方粒物性指标

3.4.3.3 真空度对怀山药方粒物性指标影响

图3-6中所示为在其他条件固定情况下，在不同真空度环境下对怀山药进行益生菌匀液浸渍，物料物性指标产生的变化。可见在本研究所设定的参数范围内，真空度对硬度和紧实度的影响较为复杂，真空度从－0.01MPa增大至－0.07MPa之间，怀山药物料硬度呈现增大趋势，在－0.05MPa出现下降。大气压强下，怀山药内部处于平衡状态，组织液和内部气泡稳定存在于组织内部，有效孔隙率较低，怀山药抗机械压力能力较大。

当进行抽真空浸渍，怀山药内部组织液及气泡排出，较低真空度下组织液渗出但孔隙并未完全打开，气泡也未得到有效的排出，复压后浸渍液不能大量涌入，造成物料渗透失水，机械抗压能力减弱，黏着性及紧实度增大。真空度继续提高至－0.07MPa时，组织内气泡大量排出，益生菌匀液浸渍通道打开，经过复压后吸入大量益生菌匀液，增大了组织内容物韧性纤维的机械抗压能力。

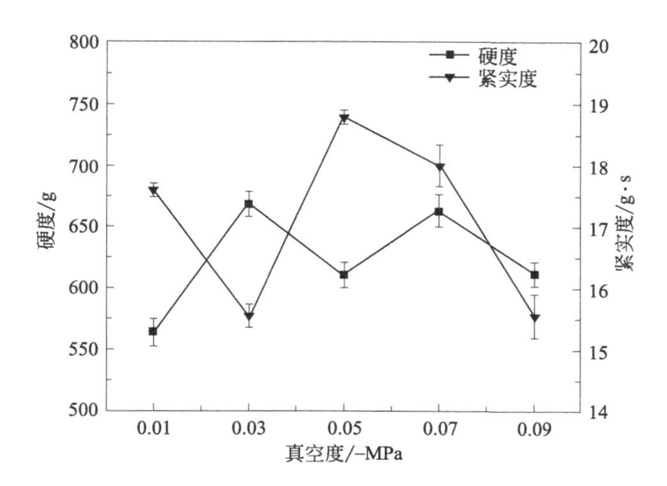

图 3-6　不同真空度条件下怀山药方粒物性指标

3.4.4　不同真空浸渍工艺参数下怀山药富集益生菌附着微观情况

3.4.4.1　真空浸渍怀山药方粒富集益生菌附着微观情况

如图 3-7 所示，新鲜怀山药切块的微观结构显示怀山药组织具有孔隙结构，同时有一定的耐压能力。常压下，怀山药有效孔隙率低，益生菌匀液进入组织内部的主要方式是自由扩散和维管束浸润。在真空压力下，怀山药组织结构发生形变，复压过程中，组织内外产生压差，益生菌匀液随压差及浓度差通过结构形变产生的孔隙顺势进入组织内部。

采用电镜扫描观察真空浸渍怀山药方粒富集益生菌附着微观情况，并与未浸渍怀山药、常压浸渍怀山药中益生菌附着情况进行对比。结果显示：未浸渍的怀山药［图 3-7(a)］在细胞淀粉粒和薄壁组织及维管束均未发现有菌落存在。常压浸渍怀山药组织内益生菌主要附着在物料表层及维管束［图 3-7(b)］中，是由于常压环境下，怀山药内部组织处于稳定状态，与外界进行水分和无机盐交换主要通过维管束和离子渗透，经观察，怀山药维管束的尺寸在 500～2000μm 之间，在常压浸渍中，属于益生菌液内渗主要通道，在常压浸渍中，益生菌主要富集在该部位。

在真空浸渍中，由于外界压强发生变化，怀山药物料产生形变，产生多孔隙结构，在复压过程中，益生菌浸渍通道不仅有维管束，还有在真空环境下产生的多孔隙结构，在富集益生菌怀山药产品的扫描电镜图片中可以看到益生菌出现在细胞内部的淀粉粒、薄壁组织及较大细胞间空隙结构中。说明真空浸渍益生菌可以有效地提高益生菌浸渍效率。

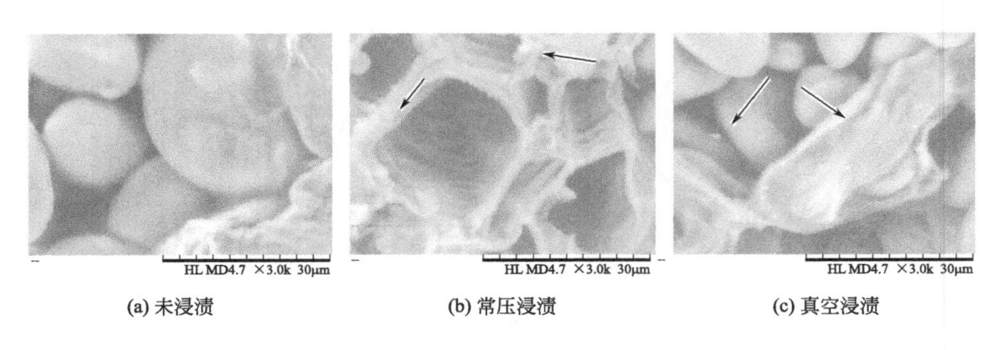

(a) 未浸渍　(b) 常压浸渍　(c) 真空浸渍

图 3-7　怀山药颗粒富集益生菌附着微观结构

3.4.4.2　不同抽真空时间条件下怀山药方粒中益生菌附着情况

在较短时间内怀山药组织内部发生形变较为轻微，主要发生在物料表面，如图 3-8(a)，在维管束附近的细胞淀粉粒附近观察到附着的益生菌。

抽真空阶段怀山药组织毛细孔隙内气体排出，同时有组织液外渗，较短真空浸渍时间下孔隙尚未完全开放，益生菌匀液在复压中难以达到物料内部，造成表层浸润的现象，如图 3-8(b) 观察到细胞薄壁组织出现脱水皱缩的现象，益生菌主要附着在薄壁组织纤维结构上。由图 3-8(a)～(e) 可知，随着抽真空时间的延长，在怀山药组织内部可以明显看到较大的孔隙结构，益生菌匀液代替了怀山药内部的组织液和气泡，进入怀山药组织内部，并且益生菌附着均匀。

由扫描电镜图可以看出，在 20～25min 益生菌密度并未明显增加，可能是因为在 20min 时孔隙度增大到峰值，能够容纳益生菌液的空间达到最大，继续处于真空环境下，压力差带来的压力值超出怀山药内部组织的韧性发生断裂，怀山药组织对益生菌匀液的保留能力下降。在益生菌富集程度达到峰值后，可观察到的菌落富集密度达到最大，在扫描电镜视野中较为明显。益生菌在设定的抽真空时间梯度中，可选用抽真空时间 20min，以最大限度保证益生菌匀液进入怀山药组织内部，且尽可能地保留。

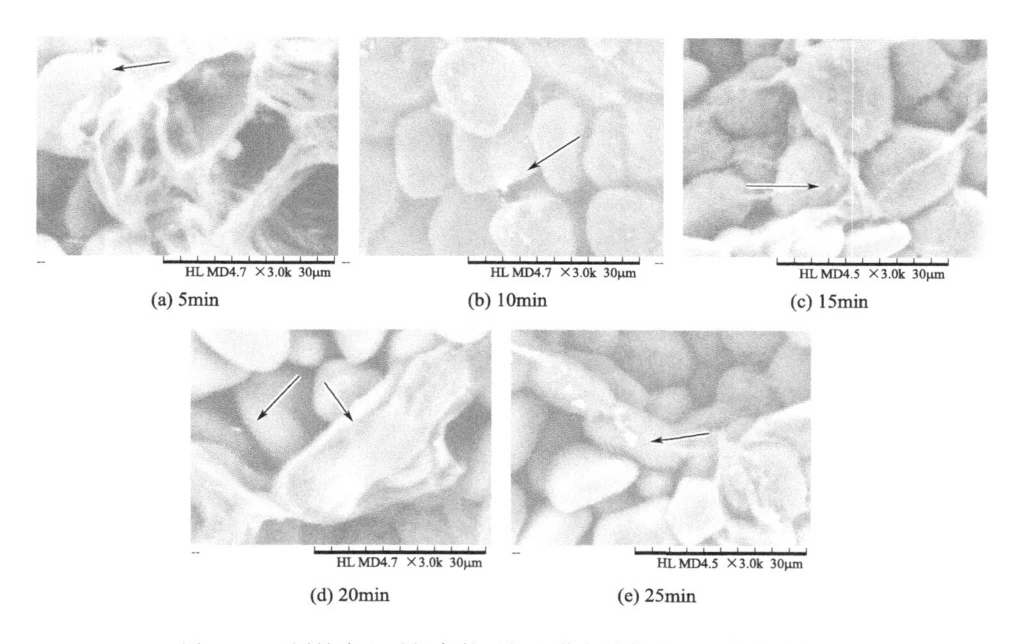

(a) 5min　(b) 10min　(c) 15min　(d) 20min　(e) 25min

图 3-8　不同抽真空时间条件下怀山药方粒物中益生菌附着情况

3.4.4.3　不同复压时间条件下怀山药方粒物中益生菌附着情况

如图 3-9 所示，在复压时间 5～10min 过程中，大量益生菌匀液随浓度差和压力差经由怀山药孔隙结构进入组织内部并充满孔隙。

随着复压时间延长，怀山药中富集的益生菌活菌总数所测定的菌落总数并没有显著变化，可见在复压过程中，一方面由于怀山药组织本身具有的韧性和弹性，使部分在抽真空阶段已排出气泡的组织孔隙在 5～10min 之间逐渐恢复并吸入益生菌匀液。一方面部分组织结构存在松弛现象，益生菌匀液可以快速填充，益生菌匀液在 10min 时充满怀山药组织孔隙，随后不再发生益生菌浸渍液与怀山药之间大量益生菌匀液的迁移流动。

由图（c）～(e)，并未发现益生菌附着密度有明显差异。一方面部分组织结构存在松弛现象，益生菌液可以快速填充，益生菌匀液在 10min 时充满怀山药组织孔隙，随后不再发生益生菌浸渍液与怀山药之间大量益生菌匀液的迁移流动。因此最适复压时间为 10min，可在复压 10min 时停止复压，以缩短加工时长，避免在加工过程中的氧化等质量劣变。

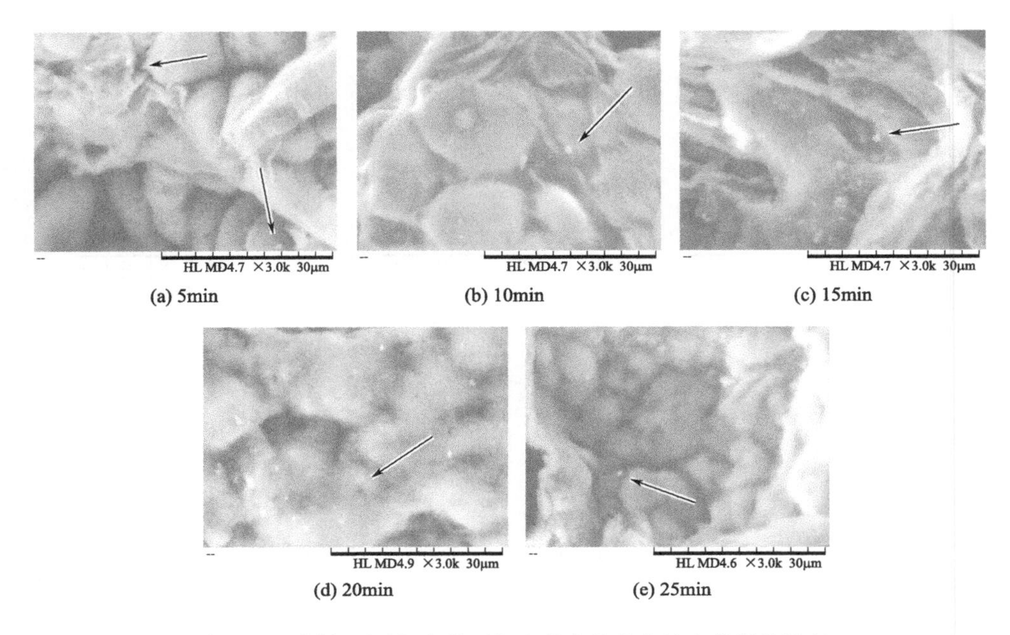

(a) 5min (b) 10min (c) 15min (d) 20min (e) 25min

图 3-9 不同复压时间条件下怀山药方粒物中益生菌附着情况

3.4.4.4 不同真空度条件下怀山药方粒物中益生菌附着情况

怀山药细胞中存在密集的淀粉颗粒，微结构决定了组织具有孔隙结构，同时有一定的耐压能力。常压下，怀山药有效孔隙率低，益生菌匀液进入组织内部的主要方式是自由扩散和维管束浸润。在一定真空压力下，怀山药组织结构发生形变，复压过程中，组织内外产生压差，益生菌匀液随压差及浓度差通过结构形变产生的孔隙顺势进入组织内部。由图 3-10 可以看出，在－0.03～－0.09MPa 之间，随着真空度的增大，怀山药组织内部富集的益生菌活菌密度增多。在较低真空度情况下，物料渗透脱水，孔隙打开程度较低，样品有效孔隙率低，如图 3-10(b)，此时益生菌主要附着在细胞纤维薄壁。随着真空度的增大，组织液及气泡大量排出，使怀山药出现大量孔隙结构，如图 3-10(c)、(d)，益生菌均匀附着在细胞壁、维管束及大颗粒淀粉表面。当真空度增大到－0.09MPa 时，可以观察到部分纤维薄壁发生溶胀破裂，此时益生菌大量富集并可观察到较大的菌块，见图 3-10(c)。

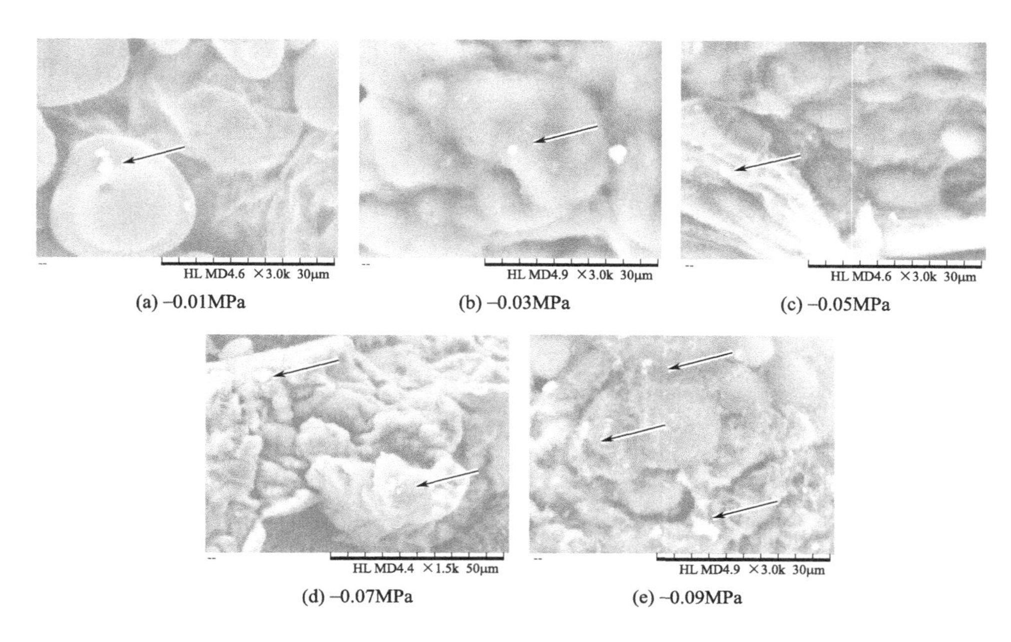

(a) −0.01MPa (b) −0.03MPa (c) −0.05MPa (d) −0.07MPa (e) −0.09MPa

图 3-10 不同真空度条件下怀山药方粒物中益生菌附着情况

3.4.5 怀山药富集益生菌真空浸渍工艺正交试验结果及分析

由表 3-2 中的极差分析可知，真空浸渍益生菌匀液过程中，真空浸渍工艺各个因素对菌落总数的影响主次为真空压强＞抽真空时间＞复压时间，较优水平为 $A_3B_2C_3$，即在真空度 −0.09MPa 的压强下，抽真空 20min，复压 15min。真空浸渍的怀山药方粒中富集的益生菌最多，经验证此条件下制得益生菌富集怀山药中益生菌的菌落总数为 7.31×10^8CFU/g，该条件下益生菌富集程度更佳。

表 3-2 正交试验结果与极差分析

序号	*A* 抽真空时间/min	*B* 复压时间/min	*C* 真空压强/−MPa	菌落总数 /(10^8CFU/g)
1	10	10	0.01	1.09
2	10	15	0.05	3.43
3	10	20	0.09	4.06

续表

序号	A 抽真空时间/min	B 复压时间/min	C 真空压强/－MPa	菌落总数 /(10^8CFU/g)
4	15	10	0.05	3.71
5	15	15	0.09	5.94
6	15	20	0.01	2.16
7	20	10	0.09	7.19
8	20	15	0.01	2.98
9	20	20	0.05	4.56
K_1	8.580	11.991	6.231	
K_2	11.811	12.351	11.700	
K_3	14.730	10.779	17.190	
k_1	2.860	3.997	2.077	
k_2	3.937	4.117	3.900	
k_3	4.910	3.593	5.730	
R	2.050	0.524	3.653	
较优水平	A_3	B_2	C_3	
因素主次	$C>A>B$			

3.4.6 小结

本节研究了怀山药浸渍益生菌富集工艺对益生菌富集程度的影响，通过分别研究抽真空时间、复压时间、真空度对怀山药富集益生菌的菌落总数的影响，结果表明，真空浸渍可以有效地提高浸渍效率，其中真空压强对富集益生菌的菌落总数影响最大，其次是抽真空时间，复压时间对益生菌富集程度影响不显著。

通过硬度和紧实度两个物性指标评价真空浸渍工艺对怀山药形态结构产生的影响，侧面论证适当地延长抽真空时间、选择合适的复压时间、提高真空度可以对怀山药形态结构产生影响，增大有效孔隙，提高富集密度，缩短加工时间。

采用电镜对不同真空浸渍工艺参数下怀山药富集益生菌附着微观情况进行观察，并以常压浸渍为对照，通过微观结构发现常压浸渍下益生菌主要富集在表层和维管束附近，真空浸渍下益生菌在怀山药内部富集均匀。抽真空时间、复压时间、真空度分别对怀山药组织形态产生不同影响，进而影响益生菌的富集。

选出较优参数范围，采用 $L_9(3^4)$ 正交试验的方法对真空浸渍工艺进行优化，确定最优参数为抽真空时间 20min，复压时间 15min，真空度 −0.09MPa，此条件下制得益生菌富集怀山药中益生菌的菌落总数为 7.31×10^8CFU/g。

3.5 浸渍益生菌怀山药的红外喷动床干燥特性及活性变化

研究发现，山药在调节肠道菌群方面与益生菌具有协同促进作用，在功能性食品当中采用真空浸渍技术对山药富集益生菌来开发新的休闲食品。经过真空浸渍后的富益生菌怀山药保留了大量的益生菌，在后期干燥过程中，干燥工艺的选择则决定经过干燥处理后的富集益生菌怀山药中保留的活菌数及整体产品质量。

果蔬干制方法及工艺有多种，不同的干燥方式和加工方法对产品品质的影响很大，且干燥时间及生产成本也存在不同程度的差异，因而通过对干燥工艺对富集益生菌怀山药品质的影响进行研究，对工业化生产富集益生菌果蔬干制品干燥方式及条件的选择尤为重要。

红外辐射干燥是辐射脱水的一种形式，是一种在保持生物活性的同时，使产品快速干燥的方法。红外辐射喷动床干燥，是一种创新型混合物理场干燥技术，具有高效均匀、热敏成分保留、低能耗等特点，目前国外对该设备研究尚少，采用红外喷动干燥工艺制备富集益生菌怀山药具有深入研究的意义。

3.5.1 试验方法

3.5.1.1 富集益生菌怀山药制备

复合益生菌微胶囊均质液制备方法同 3.4.1.1。

将清洗去皮后的怀山药切成立方体方粒 [$(10\times10\times10)mm^3$]，将切好的怀山药立方粒在高温蒸汽（105℃±2℃）中烫漂 90s，至去生且不绵软的程度时，快速取出放入冰水（4～8℃）中冷却 60s。

将冷却过的怀山药方粒置于装有浸渍液的容器内，将怀山药方粒浸没于益生菌微胶囊匀液（料液比为 1∶8），由 3.4 节优化所得真空浸渍条件——抽真空时间 20min、复压时间 15min，于−0.09MPa 真空度下进行真空浸渍。

3.5.1.2 红外辐射喷动床干燥

根据前期预试验，选择适宜喷动风速 16～28m/s、辐射温度 30～70℃，具体操作如下：试验前用紫外线灭菌灯在干燥仓照射灭菌 30min，关闭灭菌灯 1h 后进行干燥试验。将经真空浸渍富集的益生菌怀山药称量（500±5)g 进行红外喷动干燥：

① 设定喷动风速（22±0.5)m/s，分别在温度为 30℃、40℃、50℃、60℃、70℃条件下对富集益生菌怀山药进行干燥；

② 设定温度（40±1)℃，分别在喷动风速为 16m/s、19m/s、22m/s、25m/s、28m/s 条件下对富集益生菌怀山药进行干燥。

在干燥至安全储存水分含量（干基含水率 0.13～0.20g/g）时停止干燥，每组试验重复 3 次。

红外辐射喷动床为自主设计。主要结构如图 3-11；红外辐射波长范围 2.5～100μm；红外功率 0～15kW 线性调节；物料温度、空气进出口温度通过热电偶监测；空气流速通过风速传感器检测（进口、出口、干燥仓中部共 3

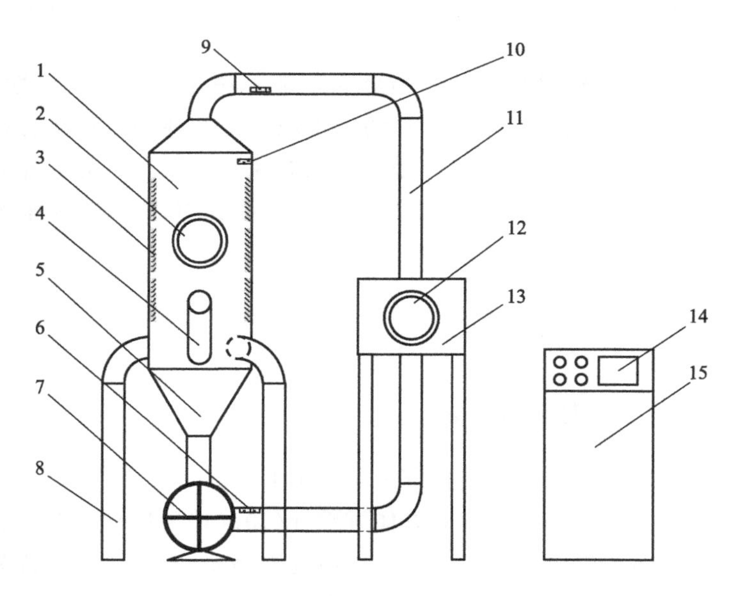

图 3-11 远红外辐射喷动床示意图

1—喷动仓；2—干燥仓观察窗；3—远红外线发生器；4—投料孔；5—锥体；6—进风口热电偶；7—轴流风机；8—干燥仓支架；9—出风口热电偶；10—热电偶；11—风管；12—物料收集仓观察窗；13—物料收集仓；14—触屏控制器；15—集成控制柜

个）；红外线发生器为陶瓷发生器；设备整体采用循环风设计，可避免热量流失；鼓风采用轴流风机，风速 0～55m/s 线性调节；设备设置物料收集仓，可收集小颗粒轻物料，且收集仓设有可调节排气孔，以达到排湿的目的；设备密封处选用耐高温硅胶垫；设备内外罐体间填充岩棉，以达到保温之目的。

3.5.2 指标测定

3.5.2.1 干基含水率的测定

干基含水率的测定按 GB 5009.3—2016 执行，并按式(3-2) 计算干基含水率。

$$M_t = \frac{m_t - m_\mathrm{d}}{m_\mathrm{d}} \tag{3-2}$$

式中，M_t 为 t 时刻怀山药切片的干基含水率，g/g；m_t 为 t 时刻怀山药质量，g；m_d 为达到绝干条件后的怀山药切片质量，g。

3.5.2.2 菌落总数（colonies number）的测定

同 3.4.1.5（1）。

3.5.2.3 多糖得率（polysaccharide yield）的测定

参考文献［27］中的方法，采用水提醇沉法提取怀山药多糖、苯酚-硫酸比色法测定多糖含量。

3.5.2.4 色泽（color）的测定

采用色差计测定，由 L^*、a^*、b^* 综合表示，其中 L^* 值表示亮度，L^* 值接近 0 则表示偏向黑色，接近 100 表示偏向白色；a^* 值表示“红-绿”色度，表示物料颜色在红色绿色之间的偏向，正值表示颜色偏红，负值表示颜色偏绿；b^* 值表示“黄-蓝”色度，描述物料颜色在黄蓝之间的色泽，正值表示颜色偏黄，负值表示颜色偏蓝。ΔE 是描述不同干燥前后的怀山药方粒的色泽变化，其公式为：

$$\Delta E = \sqrt{(L_0^* - L^*)^2 + (a_0^* - a^*)^2 + (b_0^* - b^*)^2} \tag{3-3}$$

式中，$L_0{}^*$、$a_0{}^*$、$b_0{}^*$ 和 L^*、a^*、b^* 分别代表新鲜怀山药和干燥后的亮度、红绿色度和黄蓝色度。

3.5.2.5 感官评价

参考李瑞杰等人的方法，随机邀请10名有食品专业知识的人员组成评价小组，对干燥的样品进行感官评价。要求评价人员根据富集益生菌怀山药颗粒的色泽、形态、滋味、质地和整体可接受性的质量属性来表明他们对每个样品的偏好。分值分布见表3-3。

表3-3 富集益生菌怀山药感官评价分值表

项目	评分标准	分值
色泽	颜色均匀呈乳白色	15～20
	颜色较均匀呈淡黄色	8～14
	有黑色斑点或焦黄色	1～7
形态	产品大部分完整，大小均匀，无开裂	15～20
	产品大部分完整，有轻微形变，有裂纹	8～14
	产品大部分残缺，有严重形变	1～7
滋味	有山药特殊香味，无异味	15～20
	滋味平淡，味道不明显	8～14
	有焦苦味或其他不良滋味	1～7
质地	产品酥脆，易咀嚼	15～20
	产品较硬，不易咀嚼	8～14
	产品难以咀嚼	1～7
接受程度	喜欢	15～20
	可接受	8～14
	厌恶	1～7

3.5.2.6 贮藏稳定性的测定

将干燥终点的富集益生菌怀山药颗粒使用铝箔自封袋进行密封，放置到阴凉干燥处，避免阳光直射进行保存，每隔7天随机取样进行菌落总数测定，直至所有样品内益生菌活菌数均低于益生菌保健食品要求中1×10^6CFU/g的标准水平，以便于对贮藏稳定性进行对比。

3.5.2.7 加权综合评分方法

参照周禹含等人的方法进行综合评分。采用变异系数法确定菌落总数、色

差值、多糖得率、干燥时间的权重系数，对指标值数据进行标准化处理，根据权重得出综合评分。指标的变异系数的计算如公式

$$V_i = \frac{\sigma_i}{X_i} \tag{3-4}$$

式中，V_i 表示第 i 项指标的变异系数；σ_i 表示第 i 项指标的标准差；X_i 表示第 i 项指标的算术平均值。

各指标的权重的计算公式为：

$$W_i = \frac{V_i}{\sum_{i=1}^{n} V_i} \tag{3-5}$$

式中，W_i 表示第 i 项指标的权重；V_i 表示第 i 项指标的变异系数。

采用Z·score标准化法将各项指标的数据进行标准化处理，如式(3-6)所示：

$$Z_{ij} = \frac{X_{ij} - X_i}{\sigma_i} \tag{3-6}$$

式中，Z_{ij} 为标准化后的变量值；X_{ij} 为实际变量值；X_i 为第 i 项指标的算数平均值；σ_i 为第 i 项指标的标准差。

为使试验数据具有统一性，对指标数据进行归一化，分别对正向指标值（菌落总数、多糖得率）及负向指标值（色差值、干燥时间）进行归一化处理。色差值、干燥时间的值越小越好，因此，标准化后需将前面加负号，将不同干燥水平下的各项指标值进行标准化、归一化处理之后，分别与之对应权重相乘，计算综合评分。

3.5.2.8　数据处理方法

采用DPS（Ver. 15.10）数据处理软件对试验数据进行处理和相关性分析级加权评分计算，采用Origin 2017数据处理软件进行作图。

3.5.3　试验结果与分析

3.5.3.1　不同喷动条件对富集益生菌怀山药干燥特征的影响

如图3-12(a) 红外喷动干燥为降速干燥，不同干燥温度对干燥速率影响显著（$p<0.05$）。干燥初期怀山药干基含水率下降迅速，在干燥中期，各温度水平下干燥速率差异显著。温度是影响水分蒸发的关键因素，红外喷动床内提

高温度意味着增大红外发生器功率，单位时间对物料辐射更多热量，有效提高怀山药内部水分子动能。此外，水分子易在表面形成致密水蒸气薄膜，不利于内部水分迁出，在喷动床气流喷动状态下，气流带走大量水蒸气，避免怀山药表面形成致密水蒸气薄膜。在此前提下，提高红外辐射热效应温度，水分蒸发速度增大，干燥效率明显提高。

由图 3-12(b) 可知，提高喷动风速可以明显增大干燥速率，缩短干燥用时。在红外辐射喷动床中，增大空气喷动风速，可以使物料在喷动床内运动更剧烈，物料有更多时间处于高速气流中，物料在喷动空气的带动下处于流化态，空气与物料接触均匀，高速气流带走怀山药表面致密水分薄膜，降低物料水蒸气分压，增大物料内部与外界环境之间的水分差，从而使水分快速蒸发。

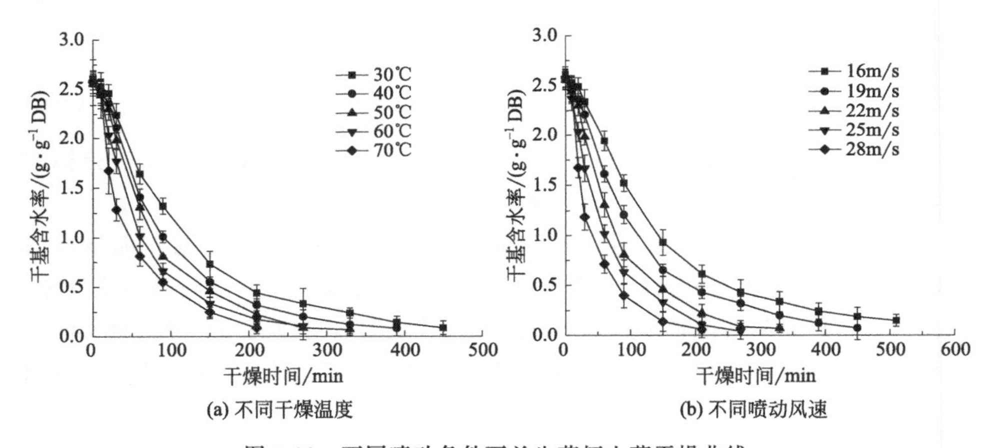

图 3-12　不同喷动条件下益生菌怀山药干燥曲线

3.5.3.2　不同喷动条件对富集益生菌怀山药活菌保留的影响

益生菌对温度敏感，因此富集益生菌怀山药的干燥温度对益生菌保留至关重要。由图 3-13 可知温度对富集益生菌怀山药中活菌保留影响显著，随着温度升高，益生菌活菌数出现先上升后下降的现象，在较低温度下干燥所需时间相对较长，益生菌在较长时间的辐射场及流化态摩擦及碰撞下受到热力胁迫和机械胁迫的时间较长，因此大量失活。当适当提高温度，降低干燥耗时，益生菌处于胁迫环境的时间变短，大量存活。当温度继续增大超出益生菌最适生长范围时，虽有利于提高物料的干燥速率，但较高功率红外辐射下所产生的热效应对益生菌具有杀灭作用，使益生菌在湿热环境中大量失活。在本试验范围

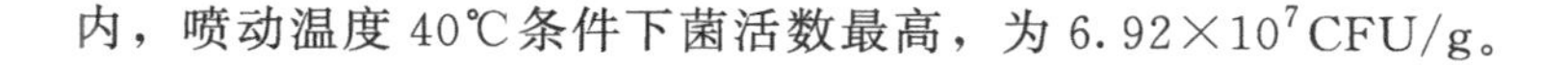
内，喷动温度40℃条件下菌活数最高，为6.92×10^7CFU/g。

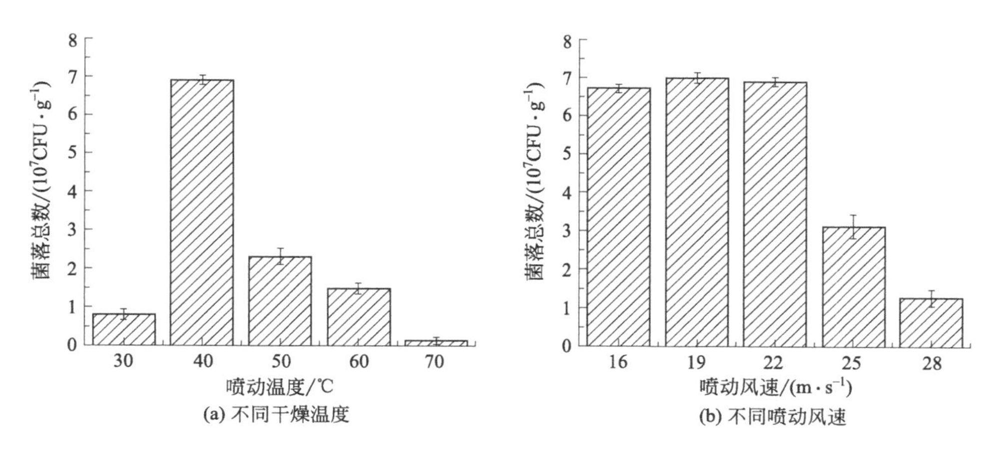

图3-13　不同喷动条件对富集益生菌怀山药活菌保留的影响

由图3-13(b) 可知，当喷动风速在16～22m/s时风速对菌活数影响不显著，在22m/s的风速以下，益生菌怀山药受到的挤压和碰撞并未对物料中的益生菌造成较大影响，益生菌受到的应力较小，大量存活于怀山药内部。当风速大于22m/s时，菌活数有所下降，可能是因为在喷动干燥过程中物料在较大喷动气流中碰撞较为猛烈，受到的应力较大，部分益生菌液在碰撞中流失，部分益生菌由于机械损伤大量失活。因此在红外喷动干燥中可以适当地提高风速，保证干燥速率和质量。

3.5.3.3　不同喷动条件对富集益生菌怀山药多糖得率的影响

由图3-14(a) 可知，多糖得率与喷动温度有显著的联系。多糖得率在30～50℃之间随着温度升高而升高，在50℃以后继续升高温度，多糖得率大幅下降。可能是因为在较低温度下，怀山药直链淀粉在红外辐射场下发生断裂，生成小分子多糖。

怀山药在干燥过程中孔隙率增大，在多糖提取时增大了溶出率。在提高温度后，多糖发生美拉德反应和焦糖化反应，造成得率损失。风速对多糖得率没有太大影响，提高喷动风速，多糖得率整体下降较为平缓，差异不显著。小部分的损失可能是因为在流化态的怀山药不断摩擦碰撞，造成黏液质的损失。而较低风速下多糖得率略低可能是因为较低风速下干燥时间长、褐变程度高，造成多糖氧化流失。

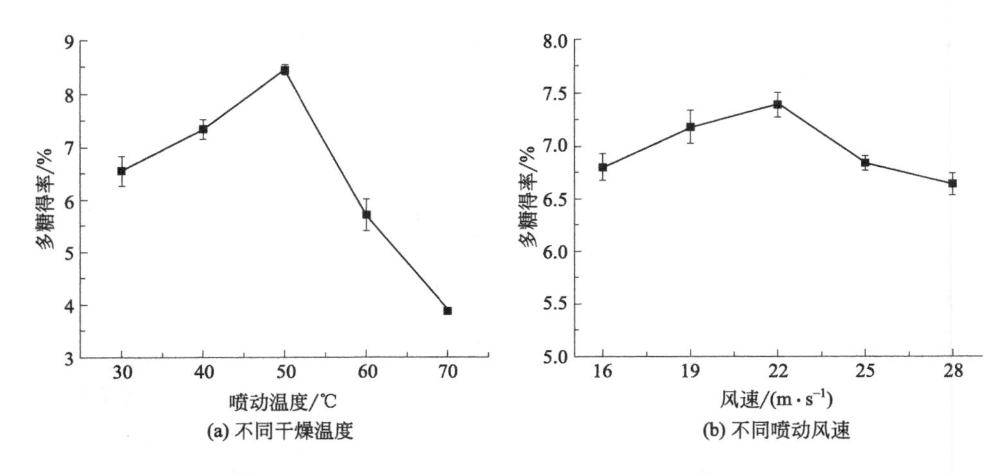

图 3-14 喷动条件对富集益生菌怀山药多糖得率的影响

3.5.3.4 不同喷动条件对富集益生菌怀山药色泽的影响

由表 3-4 可以看出，喷动床干燥风速和温度均对怀山药颗粒色泽有显著影响，在维持物料温度（40±1)℃的条件下，随着风速的增大，怀山药 L^* 增大，且 L^* 与鲜湿怀山药相比较大，红外辐射能流密度较大，对物料具有较强穿透性，使传热传质效率提高、干燥时间缩短，避免因长时间干燥造成的氧化和褐变。干燥过程中红外喷动床中物料处于流化态，一方面物料在喷动床内不断循环，且喷泉区与红外辐射源近距离接触仅 1s 左右，辐射均匀，不会因为热效应引起物料过热，避免了美拉德反应和焦糖化反应的发生，风速增大，物料循环加快，近距离接触红外发生器的时间缩短，频次增多，风速增大，单位时间内带走更多物料脱除的水蒸气，干燥时间缩短可以避免氧化和褐变，因此 L^* 随风速增大而增大；另一方面，物料在流化态循环过程中存在摩擦和碰撞，怀山药表面部分褐变薄层因摩擦脱落，暴露出白色淀粉，使颜色较为白亮。

表 3-4 不同喷动条件对富集益生菌怀山药色泽的影响

因素	干燥条件	L^*	a^*	b^*	ΔE
鲜样		81.76±0.11	−1.68±0.11	10.39±0.11	
风速	16m/s	80.16±0.41e	0.66±0.03ab	1.02±0.03d	9.8±0.04e
	19m/s	87.62±0.39d	0.57±0.05bc	1.47±0.43d	10.88±0.72d
	22m/s	91.92±1.01bc	0.42±0.10cd	2.95±0.11b	12.74±0.30c
	25m/s	92.02±0.49bc	0.26±0.03def	3.36±0.14b	12.56±0.32c
	28m/s	92.33±0.72ab	0.11±0.02f	4.83±0.36a	12.44±0.41c

续表

因素	干燥条件	L^*	a^*	b^*	ΔE
温度	30℃	90.22±0.51c	0.33±0.06de	3.13±0.14b	11.31±0.35d
	40℃	91.92±1.01bc	0.42±0.10cd	2.95±0.11b	12.74±0.30c
	50℃	93.73±0.59ab	0.79±0.07a	2.07±0.16c	14.75±0.21a
	60℃	93.86±0.76a	0.51±0.18bc	1.99±0.26c	15.07±0.15a
	70℃	92.30±0.82ab	0.18±0.32ef	2.18±0.41c	13.49±0.22b

注：a、b、c、d 相同字母表示无显著性差异，不同字母则表示存在显著差异（$p<0.05$）。

随着温度增大，亮度 L^* 值先增大后降低，最后低于鲜样，红绿色度值从偏向绿色转向偏向红色，黄蓝色度值在黄色方向上降低。该颜色变化是因为随着怀山药中水分的脱除，水分子对颜色产生的折射变小，使颜色呈现淀粉和组织结构的灰白色。另外温度的升高促使怀山药产生褐变，导致颜色变深变红。

与红外辐射干燥益生菌怀山药颗粒相比，红外喷动床干制的怀山药亮度值较红外辐射干燥好，一方面可能是因为干燥时间较短，避免了持久辐照下产生的褐变；另一方面是因为红外喷动干燥处于流动状态，物料是反复而又短暂地进行辐照加热，使物料表面温度更为均匀，同批次物料之间水分脱除也较为均匀，避免了因持续辐照加热和加热不均引起的褐变。另外在红外喷动床干燥过程中，物料之间的摩擦和碰撞使物料表面褐变的薄层被摩擦掉，不断地摩擦使物料外观更白更亮。喷动床干燥的怀山药色差较大，是因为喷动床干燥较为均匀，表面 L^* 值普遍比鲜怀山药表面 L^* 值大，在色差计算当中引起红外喷动床干燥色差值较大的一个因素就是 L^* 值。

3.5.3.5　不同喷动条件对富集益生菌怀山药感官品质的影响

图 3-15 是不同喷动条件下富集益生菌怀山药的感官评价雷达图。通过雷达图可以清晰地看出被测物料在感官评价各项指标的优劣。由图可知喷动温度对质地影响不显著，对色泽、形态、滋味、接受程度的影响均显著。温度越低怀山药的色泽越受到被试者的喜欢。较低的温度下怀山药褐变程度低，高温促使怀山药发生美拉德反应和焦糖化反应，产生不良的色泽，影响产品质量。

温度对形态的影响不是线性的，温度较低时干燥时间较长，物料长时间干燥存在一定的磨损和破裂，影响感官评价。当温度过高时，物料表面应力增大，发生形变和破裂，在试验组内 40℃与 50℃下产品大部分完整，大小均匀无开裂。在滋味评价中，较高温度条件下的怀山药得分较高，可能是因为在干燥过程中发生了美拉德及焦糖化等反应，产生了新的风味物质，受到评价小组的欢迎。在整体评价中较高温度和较低温度条件下的怀山药均得分较低，说明恰当的干燥条件对产品受欢迎程度很重要。

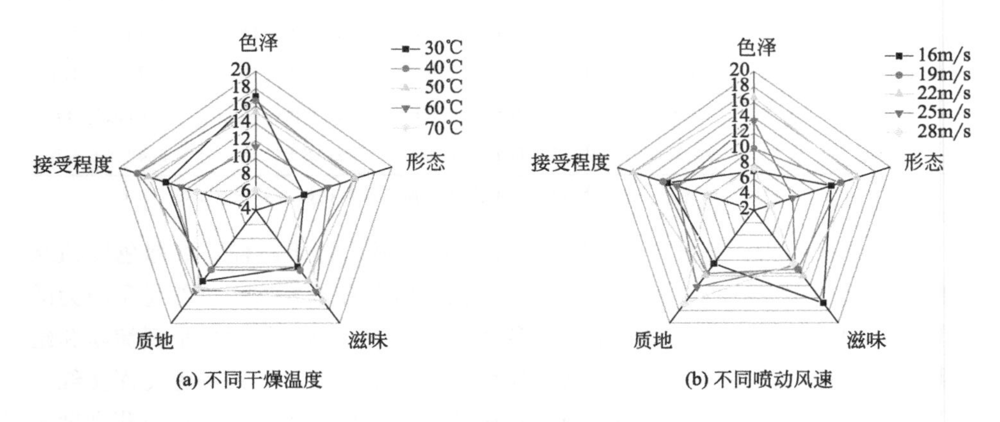

图 3-15 怀山药感官品质分析

低风速和高风速下色泽评分均较低，低风速下物料流化不畅，存在物料“贴壁”现象，此时部分物料处于静止状态，会产生局部高温产生褐变，较高风速下流化剧烈，物料摩擦碰撞造成表面破损。较大的喷动风速可能会带走部分呈香物质，使怀山药滋味品质降低。整体来看，喷动温度和喷动风速均会对怀山药的感官质量造成影响，选择合适的参数可以提高产品受欢迎的程度。

3.5.3.6 不同喷动条件对富集益生菌怀山药贮藏稳定性的影响

如图 3-16 所示，喷动温度对益生菌贮藏稳定性影响显著，在加工阶段，较低温度下加工时间长，益生菌过长时间处于胁迫环境而大量失活，较高温度对益生菌具有杀灭作用，因此不同温度条件下富集益生菌怀山药中活菌数在加工结束时已存在一定差异。在贮藏过程中的菌落总数测定中发现，加工过程中益生菌所受的胁迫会影响贮藏稳定性，可能因为益生菌受到的热力胁迫、机械胁迫对其形态造成了破坏，使其难以在贮藏过程中维持生命状态。风速对活菌数的影响相对较小，只有当风速增大至 22m/s 以上时影响才较大，可能是因为流化态的物料在剧烈碰撞时对益生菌存在的环境造成了改变。

3.5.3.7 红外喷动床干燥浸渍益生菌山药的工艺优化

采用变异系数法对富集益生菌怀山药各指标的平均值、标准差、变异系数

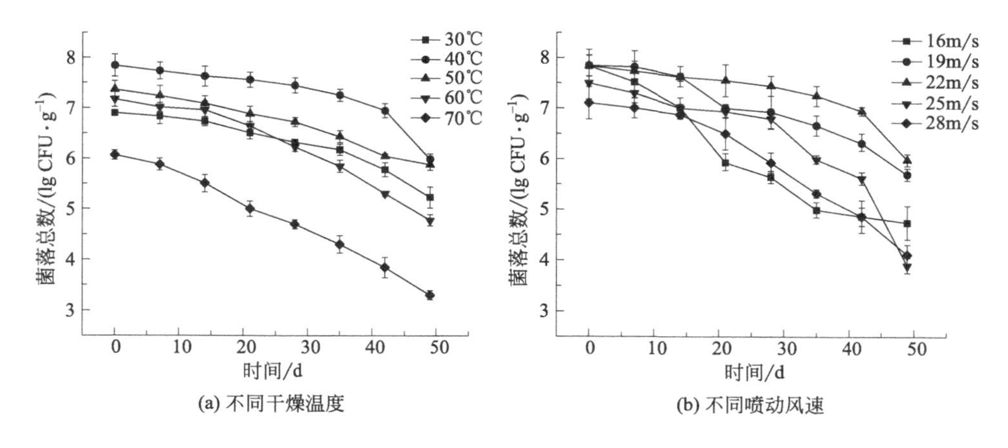

图 3-16　怀山药贮藏过程中菌落总数变化

和权重进行计算，结果见表 3-5。富集益生菌怀山药的菌落总数、贮藏时间、干燥时间所占权重较大，分别为 0.384、0.203、0.190，说明在不同水平下这几项指标的离散程度较大，差异明显，说明这几项指标在干燥工艺评价中具有重要影响。ΔE、多糖得率、感官评分所占权重较小，分别为 0.063、0.088、0.072。由不同干燥条件制得的富集益生菌怀山药的 6 个指标值及各指标占总指标的权重，计算出不同干燥喷动风速和干燥温度制备的富集益生菌怀山药各项指标的综合评分值，结果如表 3-6 所示。由综合评分值可知，在温度 40℃、风速 22m/s 干燥条件下取得最高综合评分值 0.609。

表 3-5　富集益生菌怀山药各项指标的权重

指标	平均值	标准差	变异系数	权重
菌落总数	3.684	2.914	0.791	0.384
ΔE	12.582	1.636	0.130	0.063
多糖得率	6.672	1.208	0.181	0.088
干燥时间	5.258	2.055	0.391	0.190
感官评分	64.430	9.552	0.148	0.072
贮藏时间	30.80	12.865	0.418	0.203

表 3-6　不同喷动条件下益生菌怀山药品质综合评分

干燥条件	菌落总数	ΔE	多糖得率	干燥时间	感官评分	贮藏时间	综合评分
风速 16m/s	0.426	−0.107	0.009	0.300	−0.033	−0.265	−0.055
风速 19m/s	0.438	−0.065	0.037	0.176	−0.027	0.177	0.514

续表

干燥条件	菌落总数	ΔE	多糖得率	干燥时间	感官评分	贮藏时间	综合评分
风速 22m/s	0.425	0.006	0.048	0.115	0.080	0.177	0.609
风速 25m/s	−0.073	−0.001	0.012	−0.093	−0.049	0.066	0.050
风速 28m/s	−0.318	−0.005	−0.002	−0.193	−0.130	−0.155	−0.406
温度 30℃	−0.381	−0.049	−0.009	0.192	0.022	0.066	−0.446
温度 40℃	0.426	0.006	0.048	0.115	0.080	0.177	0.609
温度 50℃	−0.182	0.084	0.128	−0.070	0.093	0.177	0.202
温度 60℃	−0.290	0.096	−0.070	−0.193	0.022	−0.044	−0.286
温度 70℃	−0.470	0.035	−0.204	−0.255	−0.057	−0.376	−0.886

3.5.3.8 小结

对红外喷动床干燥不同工艺参数条件下富集益生菌怀山药的活菌数、色泽、多糖得率、干燥时间进行了总结研究。怀山药中活菌数随干燥温度先升高随后大幅度下降，在红外喷动干燥 40℃条件下的富集益生菌怀山药中菌落总数达到最大值 6.91×10^{7} CFU/g。温度的升高促使怀山药中产生褐变，导致颜色变深变红。随着温度升高，试验组在 50℃时多糖得率得到最大值 8.433%，红外辐射干燥怀山药多糖得率则在 40℃取得最大值 6.593%。在多糖得率取得最大值之后，干制温度升高多糖得率逐渐降低，红外喷动床可以避免物料加热不均匀产生的局部过热，减小了材料的收缩，抑制了褐变反应，使多糖得到有效的保留。在相同的温度下，红外喷动床干燥干燥时间短。因此在较短时间内可以脱除大量水分，使干燥时间变短，避免品质劣变。采用加权综合评分法对干燥方式及干燥温度的较优选择进行了分析。得出红外喷动床干燥工艺在温度 40～50℃、风速 22m/s 条件下所得富集益生菌怀山药品质较优。

参考文献

[1] 张敏佳，欧阳道福，王晓宁，等．发酵果蔬汁的通便和减肥功能[J]. 食品与发酵工业，2019，45(1)：77-82.

[2] 李汴生，卢嘉懿，阮征．植物乳杆菌发酵不同果蔬汁风味品质研究[J]. 农业工程学报，2018，34(19)：293-299.

[3] CHRISTIAN R，BRUNTON N，GORMLEY R T，et al. Development of potentially synbiotic

fresh-cut apple slices[J]. Journal of Functional Foods，2010，2（4）：245-254.

[4] NOORBAKHSH R，YAGHMAEE P，DURANCE T. Radiant energy under vacuum（REV）technology：A novel approach for producing probiotic enriched apple snacks[J]. Journal of Functional Foods，2013，5（3）：1049-1056.

[5] ZHANG N，LIANG T，JIN Q，et al. Chinese yam（Dioscorea opposita Thunb.）alleviates antibiotic-associated diarrhea，modifies intestinal microbiota，and increases the level of short-chain fatty acids in mice[J]. Food Research International，2019，122：191-198.

[6] MENG X，HU W，WU S，et al. Chinese yam peel enhances the immunity of the common carp（Cyprinus carpio L.）by improving the gut defence barrier and modulating the intestinal microflora[J]. Fish & Shellfish Immunology，2019，95：528-537.

[7] 刘露，张雁，魏振承，等．肠道益生菌体外发酵山药低聚糖产短链脂肪酸的研究[J]. 食品科学技术学报，2019，37（4）：49-56.

[8] 黄天，韩之皓，郭帅，等．益生菌山药饮料发酵工艺优化及其冷藏稳定性[J]. 食品工业科技，2019，40（15）：129-134，142.

[9] 李晗，江琳玲，范方宇，等．鲜荸荠真空浸渍强化钙工艺研究[J]. 食品研究与开发，2019，40（13）：117-123.

[10] APRAJEETA J，GOPIRAJAH R，ANANDHARAMAKRISHNAN C. Shrinkage and porosity effects on heat and mass transfer during potato drying[J]. Journal of Food Engineering，2015，144：119-128.

[11] LAPSLEY K G，ESCHER F E，HOEHN E. The cellular structure of selected apple varieties[J]. Food Structure，1992，11（4）：339-349.

[12] 崔莉，牛丽影，黄家鹏，等．胡萝卜片中富集植物乳杆菌的工艺优化[J]. 食品科学，2017，38（16）：183-189.

[13] DUAN L，DUAN X，REN G. Evolution of pore structure during microwave freeze-drying of Chinese yam[J]. International Journal of Agricultural and Biological Engineering，2018，11（6）：208-212.

[14] 顾振新，张建惠．山药干制新工艺研究[J]. 食品工业科技，1994（3）：7-11.

[15] 酒曼．山药热风干燥特性研究[D]. 郑州：中原工学院，2018.

[16] 张雪，马永生，陈复生，等．真空微波干燥对小米、山药营养与品质特性的影响[J]. 粮食与油脂，2018（4）：34-38.

[17] 高琦，张建超，陈佳男，等．基于主成分分析法综合评价 4 种干燥方式对山药脆片香气品质的影响[J]. 食品科学，2018（20）：175-181.

[18] 张乐道，樊丹丹，任广跃，等．热泵干燥和远红外干燥干制怀山药溶出性研究[J]. 食品科技，2018（8）：81-84.

[19] 任丽影．怀山药常压冷冻干燥质量衰退控制[D]. 洛阳：河南科技大学，2015.

[20] 葛邦国，马超，崔春红．山药滚筒干燥制粉工艺的研究[J]. 中国果菜，2014（10）：21-25.

[21] 于倩楠．山药粉喷雾干燥加工关键技术研究[D]. 石家庄：河北农业大学，2018.

[22] 刘亚男．怀山药全粉的制备及其性质研究[D]. 洛阳：河南科技大学，2017.

[23] 金金．山药制粉加工技术研究[D]. 无锡：江南大学，2011.

[24] CHEN X，LI X，MAO X，et al. Effects of drying processes on starch-related physicochemi-

cal properties, bioactive components and antioxidant properties of yam flours[J]. Food Chemistry, 2017: 224-232.

[25] GB 4789. 2—2016[S].

[26] 刘莹萍. 富益生菌胡萝卜脆片的制备及其贮藏稳定性研究[D]. 扬州：扬州大学，2017.

[27] 任广跃，刘亚男，乔小全，等. 基于变异系数权重法对怀山药干燥全粉品质的评价[J]. 食品科学，2017，38(1)：53-59.

[28] 李瑞杰，张慜. 不同干燥方式对胡萝卜片吸湿性及品质的影响[J]. 食品与生物技术学报，2010，29(3)：342-349.

[29] 周禹含，毕金峰，陈芹芹，等. 不同干燥方式对枣粉品质的影响[J]. 食品科学，2014，35(11)：36-41.

第4章

红外喷动床干燥玫瑰花制品

4.1 玫瑰花制品研究现状

玫瑰（*Rosa damascena*）别名刺玫、徘徊花，属蔷薇属、蔷薇科，多年生常绿或落叶小灌木，其花形秀美、种类繁多、香气浓郁、色泽鲜艳，素有“金花”“爱情花”之称。玫瑰是我国二级保护植物，具有重要的药用、食用和观赏价值。2010年国家卫生部颁布相关法规，将玫瑰纳入食品中，成了药食两用的中药之一，被用做许多食品的原料，包括茶、果酱、果冻等。山东平阴重瓣红玫瑰花朵大、颜色艳丽、味道清香，是国家卫生部批准的药食两用的玫瑰品种。

玫瑰花不仅外形引人注意，而且具有丰富的营养价值，其蛋白质含量高达16.33%，含量分别是梨和苹果的10倍和6倍。膳食纤维的含量为14.15%，与大豆接近，膳食纤维的消化分解不产生葡萄糖，在一定程度上可以预防糖尿病的发生。玫瑰花中也富含维生素C，被称为花中的维生素C之王，其含量为猕猴桃的8倍，苹果的15倍。玫瑰花中含有人体必需的钙、钾、磷、硫、镁、锌、铜等元素，钙和钾的质量分数分别是大白菜的3.7倍、3.1倍。

玫瑰的花蕾、根、茎、叶都可以作为药物使用。如《本草正义》中所述，玫瑰花具有柔肝醒胃、益气活血的作用。玫瑰花含有的亚油酸、亚麻酸和油酸，是人体必需的不饱和脂肪酸，亚油酸可以排除胆固醇及其产物，减轻动脉硬化。玫瑰花富含多糖，植物多糖在免疫调节、抗病毒感染和调节自身免疫疾病等方面发挥着重要作用。玫瑰花中含有的维生素、氨基酸、胡萝卜素、挥发油、黄酮类化合物红色素、有机酸、微量元素及鞣质等物质，可促进血液循环、提神醒脑，从而缓减疲劳、平定情绪；玫瑰花中含有的鞣质也可抑菌、抗肿瘤、抗病毒，治疗小静脉破裂、净化消化道，对偏头痛也有疗效。

玫瑰花蕾中的黄酮、多酚类物质是良好的天然氧化剂，具有较好的抗氧化作用，抗氧化能力远高于银杏种皮、枸杞等中药材。项丽玲等发现玫瑰总黄酮可抑制脑组织血再灌注损伤后血清中的S-100β释放，降低神经功能缺失评分，减少脑梗死面积，对大脑皮层损伤进行改善，达到对脑缺血再灌注损伤的保护作用。阿依姑丽·艾合麦提等在研究中发现，玫瑰总黄酮的抗氧化性能随着质量浓度的增加而提高。Liu Liu 等研究发现玫瑰多酚提取物可以降低高脂饮食的糖尿病大鼠的血糖。

随着人们消费水平的提高，具有医疗和保健效果的玫瑰越来越受欢迎，因其富含花青素和香气浓郁，还含有黄酮、鞣质、玫瑰多糖等天然生物活性物质，食用玫瑰成为理想的生产保健品的原料。目前玫瑰产品主要有玫瑰酒、玫瑰饮品、玫瑰酸奶、玫瑰花酱、玫瑰醋以及玫瑰凝胶软糖等。然而，新鲜的玫瑰花水分一般在70%以上，有研究发现，把玫瑰鲜花自然摊放在地上，其2天就会腐败衰老。

4.2 玫瑰干燥技术研究进展

干燥是高水分食品在成熟后保存的最重要和最简单的方法，其目的主要是降低水分含量和水分活度，抑制微生物的生长、繁殖以及酶的活性，以延长果蔬的流通时间和安全储藏期、增加果蔬的产品附加值、调节市场供应、均衡市场供需关系。

热风干燥是一种常用的对流干燥，操作简单、成本低，是常用的玫瑰花干燥方式。苏红霞等确定了干燥温度60℃、干燥时间8.5h是玫瑰花热风干燥最佳的工艺条件，该条件下，玫瑰花的风味、颜色受影响最小，黄酮类化合物含量最高。陈杨华等研究了不同温度、风速对玫瑰花热风干燥特性的影响，试验得知玫瑰花干燥最适温度为55℃，最适风速为3m/s，但热风干燥易影响干制品品质。Morris 等发现采用热风干燥玫瑰花瓣萎缩严重，颜色变紫，干燥不均匀使得干花品质受到损失。宋春芳等发现热风干燥时间长，对保持玫瑰花瓣的形状和颜色均一效果很差。

微波真空干燥是真空干燥技术和微波干燥的结合，结合两种干燥技术的优势，在一定的真空度下可以加快水分扩散速率。宋春芳等通过对比真空度和微波功率对玫瑰干花品质的影响，发现真空度越高，水分蒸发的速度越快，物料温升越低。随着微波功率增加，干燥时间大大缩短；与热风干燥相比，微波真空干燥可以很好地保持玫瑰花瓣的形状和颜色，是理想的玫瑰花瓣干燥方法。但微波干燥过程难以控制，易导致样品受热不均匀、击穿放电等现象。

真空冷冻干燥是一种利用升华原理使物料脱水的干燥技术。物料经快速冻结后，在真空环境下加热，是目前公认的生产高品质、高附加值脱水食品的最佳方式。Chen 等研究了不同冷冻时间和真空干燥温度对玫瑰色泽、水分含量的影响，发现真空冷冻干燥能最大限度地保持玫瑰花瓣的色泽、形状和组织成分，获得高质量的产品，但耗能大，生产周期长，一次性投资大，维修和维护费用高，不适合工业化生产。

将红外干燥和喷动床干燥结合，是一种新型的干燥方式。目前，关于食用玫瑰的干燥研究较少，讨论红外喷动床对玫瑰花瓣干燥特性和品质特性的影响，对比不同干燥条件下玫瑰花瓣干燥过程中有效成分的变化规律，制定干燥时间相对较短、有效成分含量相对较高的干燥策略，为食用玫瑰红外喷动床干燥提供相关理论依据。

4.3　玫瑰花瓣红外喷动床干燥特性及品质

将玫瑰花进行干燥可克服玫瑰花种植的区域限制和鲜花运输困难等问题，满足更大区域范围的需求。近年来，红外辐射干燥在干燥领域中的研究与应用得到较快发展，红外干燥技术可以提高干燥速率、节约能耗，同时保持产品的品质，但面对较厚的物料时干燥不均匀。喷动床干燥的优势在于物料在干燥过程中良好的循环，加热均匀、传热传质效果好。将红外和喷动床结合，一方面解决了常规喷动床干燥能量消耗高、热损失大的问题；另一方面可通过喷动提高红外加热的均匀性。将红外干燥和喷动床相结合，理论上既可以保持高效的传热传质，保证产品品质，又能提高干燥速率。以新鲜玫瑰花为研究对象，利用红外喷动床干燥技术，探究出风温度和风速对玫瑰花瓣干燥特性的影响，并建立玫瑰花瓣红外喷动床干燥动力学模型，对比分析不同出风温度和风速下干燥产品的品质特性，为玫瑰花瓣红外喷动床干燥参数的优化和实际生产中的应用提供相关的理论依据。

4.3.1　试验方法

4.3.1.1　试验设计

将新鲜玫瑰花瓣置于70℃水浴锅中烫漂2min，处理后用滤纸吸取表面水分，取150.0g投放到红外喷动床内。新鲜玫瑰花瓣的湿基水分含量在8.4～8.9g/g，试验过程中每10min随机取出5片玫瑰花瓣，使用快速水分测定仪测定其湿基含水率，直至干燥物料的含水率小于0.3g/g（以湿基计，下同）后停止干燥。

在研究过程中，分别设定出风温度为40℃、45℃、50℃、55℃，喷动床进口风速通过调节变频风机频率，分别调节为 9.0m/s、9.5m/s、10.0m/s、10.5m/s，见表 4-1。考察出风温度和风速对物料干燥特性、品质特性和微观结构的影响。为更好地探讨温度和风速的影响，本研究不再考虑物料装载量等其他干燥参数。每组试验均重复 3 次。

表 4-1　试验设计及试验参数

序号	出风温度/℃	风速/($m \cdot s^{-1}$)
1	40	10.0
2	45	10.0
3	50	10.0
4	55	10.0
5	45	9.0
6	45	9.5
7	45	10.0
8	45	10.5

4.3.1.2　样品分析

(1) 湿基含水率

采用快速水分测定仪测定。

(2) 干燥速率

$$D_R = \frac{M_{a_2} - M_{a_1}}{a_2 - a_1} \tag{4-1}$$

式中，D_R 为干燥速率，g/(g·min)；M_{a_1}、M_{a_2} 分别为花瓣在干燥过程中 a_1、a_2 时刻的湿基含水率，g/g。

(3) 水分比

$$MR = \frac{M_{a_2} - M_e}{M_e - M_0} \tag{4-2}$$

式中，M_{a_2} 为 a_2 时刻样品的湿基水分含量，g/g；M_0 为初始时刻样品的湿基水分含量，g/g；M_e 为平衡时样品的湿基水分含量，g/g。

(4) 有效水分扩散系数

玫瑰花瓣的干燥符合薄层干燥模型，因此可以采用薄层干燥动力学模型对试验数据进行拟合。根据 MR 扩散定律可计算干燥过程中物料的有效水分扩散系数，计算公式如式(4-3) 所示：

$$MR=\frac{g}{\pi^2}\sum_{n-1}^{\infty}\frac{1}{(2n-1)^2}\exp\left[-\frac{(2n-1)^2\pi^2 Dt}{4L^2}\right] \tag{4-3}$$

式(4-3) 可简化为

$$MR=\frac{g}{\pi^2}\exp\left[-\frac{\pi^2 Dt}{4L^2}\right] \tag{4-4}$$

两边取对数得

$$\ln MR=\ln\frac{g}{\pi^2}-\frac{\pi^2 Dt}{4L^2} \tag{4-5}$$

(5) 干燥模型的选择

为更好地描述与预测红外喷动床干燥过程中玫瑰花瓣的水分散失情况，本研究选取 12 个数学模型拟合玫瑰。花瓣的干燥曲线，具体见表 4-2。选取拟合精度高的模型表征玫瑰花瓣红外喷动床干燥的脱水过程。

表 4-2　干燥模型

序号	模型名称	模型方程
1	Newton	$MR=\exp(-kt)$
2	Page	$MR=\exp(-kt^n)$
3	Henderson and Pabis	$MR=a\exp(-kt)$
4	Two-term	$MR=a\exp(-kt)+b\exp(-k_1t)$
5	Logarithmic	$MR=a\exp(-kt)+c$
6	Midilli	$MR=a\exp(-kt^n)+bt$
7	Wang and Singh	$MR=1+at+bt^2$
8	Modified Henderson and Pabis	$MR=a\exp(-kt)+b\exp(-gt)+c\exp(-ht)$
9	Approximation of diffusion	$MR=a\exp(-kt)+(1-a)\exp(-kbt)$
10	Verma	$MR=a\exp(-kt)+(1-a)\exp(-gt)$
11	Two-term exponential	$MR=a\exp(-kt)+(1-a)\exp(-kat)$
12	Modified page	$MR=\exp[-(kt)^n]$

(6) 品质特性

① 复水比。

将不同预处理条件下干燥后的玫瑰花瓣 W_1 放入 60℃蒸馏水中，恒温水浴 30min 后取出沥干，用滤纸去除表面水分，称质量计为 W_2。按式(4-6)计算。

$$\text{复水比}=\frac{W_2}{W_1} \tag{4-6}$$

式中，W_1 为复水前玫瑰花瓣的质量，g；W_2 为复水后玫瑰花瓣的质量，g。

② 总黄酮含量。

总黄酮物质的提取与检测采用 $NaNO_2$-$AlCl_3$ 法。称取 2g 干燥后的玫瑰花瓣粉末，加入 30mL50%乙醇超声处理 1h，抽滤后取提取液于离心管中，设置转速为 10000r/min，离心 10min。取上清液于比色管中，加入 3mL 30%乙醇和 0.3mL5% $NaNO_2$ 溶液，摇匀放置 5min；加入 0.3mL 10% $Al(NO_3)_3$ 溶液，摇匀放置 6min；加入 2mL 4% NaOH 溶液，摇匀，用 30%乙醇稀释至 10mL，在 510nm 处测定吸光度。总黄酮含量以干物质质量样品的芦丁为标准物质计。

③ 总酚含量。

总酚物质的提取与检测采用 Folin-Ciocaileu 法。称取 2g 干燥后的玫瑰花瓣粉末，加入 30mL 50%乙醇超声处理 1h，抽滤后取提取液于离心管中，设置转速为 10000r/min，离心 10min。取上清液于比色管中，加入 0.5mL 福林酚试剂，反应 3min；加入 3mL 6% Na_2CO_3 溶液，用蒸馏水稀释至 5mL，摇匀，避光保存 2h，在 765nm 处测定吸光度。总酚含量以干物质质量样品的没食子酸为标准物质计。

④ 色差。

采用色差仪测定样品的明亮度 L^*、红绿值 a^* 和蓝黄值 b^*。每个待测样品选取表面 3 个不同位置进行检测，每个样品重复 3 次。色差值 ΔE 越小说明样品与鲜样色泽越接近，ΔE 可按式(4-7) 计算。

$$\Delta E=\sqrt{(L^*-L_0)^2+(L^*-L_0)^2+(L^*-L_0)^2} \tag{4-7}$$

式中，ΔE 表示样品的色差值；L^*、a^* 和 b^* 表示样品的色泽值；L_0、a_0 和 b_0 表示鲜样色泽值。

4.3.1.3 数据处理

采用 Origin 8.5 软件处理数据及作图，采用 SPSS 20.0 软件对数据进行统计分析，显著性差异 $p<0.05$。

4.3.2 玫瑰花瓣红外喷动床干燥特性

固定风速为 10.0m/s，不同温度下玫瑰花瓣的干燥曲线和干燥速率曲线如图 4-1 所示。固定出风温度为 45℃，不同风速下玫瑰花瓣的干燥曲线和干燥速率曲线如图4-2所示。

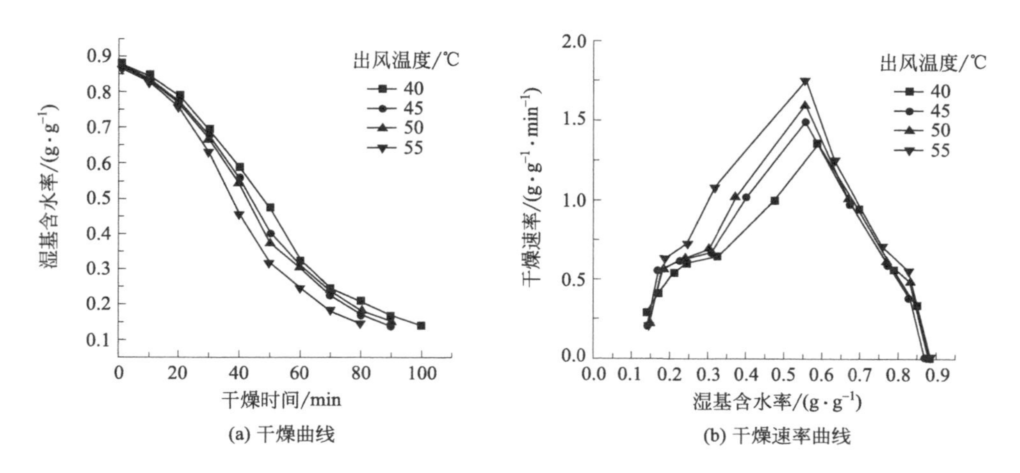

图4-1 不同出风温度下玫瑰花瓣的干燥曲线和干燥速率曲线

由图4-1(a)可知，随着干燥的进行，湿基水分含量逐渐减小；随着出风温度的升高，干燥时间逐渐缩短，温度为55℃所需干燥时间比45℃缩短了69%。由图4-1(b)可知，玫瑰花瓣的红外喷动床干燥不存在明显的恒速干燥阶段，主要为降速过程，有明显的升速期。在干燥过程中，干燥速率很快达到最高值，随后减小进入降速干燥阶段，这可能是因为在干燥初期，物料的湿基水分含量较高，而气体流速过低，不足以克服空气入口处的静压力，导致较少的玫瑰花瓣运动或无秩序运动，也就是"冒泡床"现象。随着干燥的进行，物料的湿基水分含量降低，喷动床内形成了良好的运动状态，在最佳喷动状态下，即全部物料都形成有规律的内循环运动时，短时间内玫瑰花瓣的失水量迅速增大，干燥速率达到最大值。干燥速率达到最大值后，干燥进入降速阶段，失水量逐渐减小，这主要是因为物料的含水量减小，花瓣收缩后细胞间隙较小，水分蒸发的阻力变大。温度为55℃时，干燥速率最大。在降速干燥阶段，湿基水分含量相同时，温度的提高促进了物料表面水分的蒸发，干燥速率变大。

由图4-2(a)可知，随着干燥的进行，湿基水分含量逐渐减小；风速增大，干燥时间逐渐缩短，这是因为风速的增大，加快了物料循环，而且在一定程度上增大了花瓣和气体间的传热传质系数，有利于物料表面与空气介质之间的水分交换。风速为10.5m/s所需干燥时间比9.0m/s时缩短了69%，风速对玫瑰花瓣含水率的变化有显著影响。图 4-2(b) 中，不同风速条件下，玫瑰花瓣先呈现升速干燥，然后降速干燥，这与图 4-1 中出风温度对玫瑰花瓣的影响和原理相同。干燥速率达到最高值后，风速对物料的干燥速率影响较大，风速的增大促进了玫瑰花瓣表面的水分扩散到空气中，其扩散速率大于物料内部水分扩散速率，整个过程呈降速干燥。当湿基水分含量降为 0.35g/g 时，床内出现腾涌现象，即玫瑰花瓣在床内形成无秩序的喷动状态，由于物料的含水量不断减小，花瓣开始收缩，内外湿度变小，水分扩散阻力大，此时风速对干燥速率的影响较小。不同风速下干燥速率变化趋势不明显。

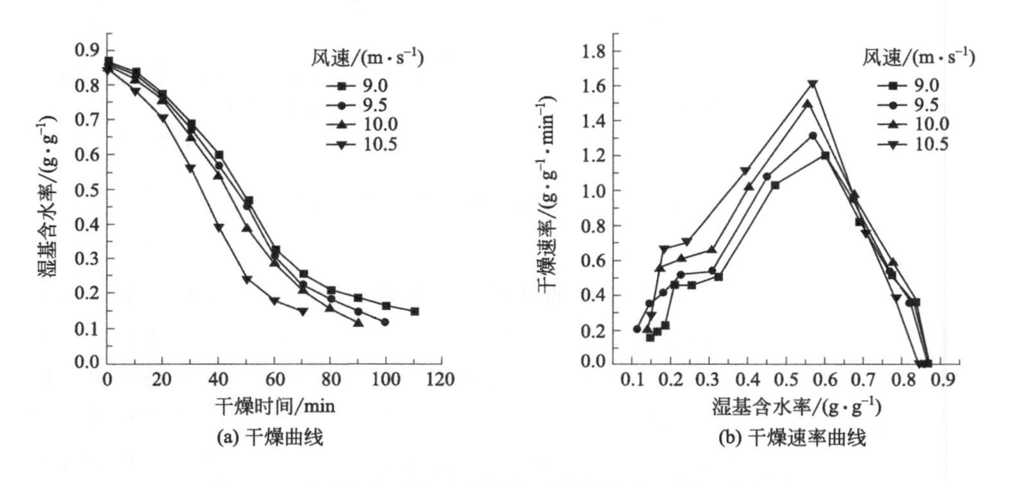

(a) 干燥曲线
(b) 干燥速率曲线

图 4-2 不同风速下玫瑰花瓣的干燥曲线和干燥速率曲线

固定风速为 10.0m/s，不同温度下玫瑰花瓣的有效水分扩散系数如表 4-3 所示。固定出风温度为 45℃，不同风速下玫瑰花瓣的有效水分扩散系数如表 4-4 所示。

表 4-3 不同出风温度下玫瑰花瓣的有效水分扩散系数

出风温度/℃	有效水分扩散系数/(m^2/s)
40	7.98174×10^{-10}
45	8.97566×10^{-10}
50	9.36105×10^{-10}
55	1.06694×10^{-9}

表 4-4 不同风速下玫瑰花瓣的有效水分扩散系数

风速/($m\cdot s^{-1}$)	有效水分扩散系数/(m^2/s)
9.0	6.70385×10^{-10}

续表

风速/(m·s^{-1})	有效水分扩散系数/(m^2/s)
9.5	7.62677×10^{-10}
10.0	8.92495×10^{-10}
10.5	1.38235×10^{-9}

由表 4-3、表 4-4 可知，随着出风温度的增加，热效应不断加强；风速越大，物料与干燥环境之间的湿热交换速率越快，从而有利于水分扩散，D_{eff} 也随之增大。风速比出风温度对玫瑰花瓣有效水分扩散系数的影响大。一定风速下，温度越高，热效应越强烈，对物料水分扩散和蒸发的效果越明显，有利于水分扩散系数的增大，固定风速为 9.5m/s，出风温度为 45℃、50℃、55℃时的有效水分扩散系数分别比 40℃时提高了 12.5%、17.3%、33.7%；一定温度下，风速越大，物料表面的空气流动越快，水分扩散系数越大，固定温度为 45℃，风速为 9.5m/s、10.0m/s、10.5m/s 时的有效水分扩散系数分别比 16.1m/s 时提高了 13.8%、33.1%、106%。

4.3.3 玫瑰花瓣红外喷动床干燥动力学

(1) 干燥模型的选择

本试验选取 12 种薄层干燥模型在温度 45℃、风速 10.0m/s 条件下进行数据拟合，相应的参数值 R^2、RSS 和 χ^2 见表 4-5。由表 4-5 可知，Midilli 模型 R^2 值最大为 0.99673，RSS 和 χ^2 最小，分别为 0.00404 和 6.07008×10^{-4}，拟合程度最高，因此选择此模型为最优模型，并对其进行验证。

表 4-5 不同干燥模型的干燥参数及模型系数

模型	R^2	RSS	χ^2	模型参数
Newton	0.83507	0.20356	0.02544	$k=0.01994$
Page	0.99608	0.00424	6.0527×10^{-4}	$k=5.77953\times10^{-5}$, $n=2.51932$
Henderson and Pabis	0.85824	0.17496	0.02187	$a=1.09847$, $k=0.02$
Two-term	0.87286	0.15691	0.03138	$a=0.62734$, $b=0.53718$, $k=0.02337$, $k_1=0.02337$
Logarithmic	0.97152	0.03515	0.00586	$a=276.22275$, $k=5.12819\times10^{-5}$, $c=-275.12984$
Midilli	0.99673	0.00404	6.07008×10^{-4}	$a=1.005$, $k=6.76539\times10^{-5}$, $n=2.46778$, $b=-2.34181\times10^{-5}$

续表

模型	R^2	RSS	χ^2	模型参数
Wang and Singh	0.96148	0.0416	0.00594	$a=-0.00902, b=-5.48391\times10^{-5}$
Modified Henderson and Pabis	0.93193	0.08402	0.02801	$a=-0.01495, k=22.53422, b=1.46147, g=0.02934, c=-0.44651, h=121$
Approximation of diffusion	0.97459	0.03136	0.00523	$a=-229.74021, k=0.05497, b=0.9935$
Verma	0.93193	0.08402	0.014	$a=1.46133, k=0.02934, g=189$
Two-term exponential	0.96702	0.0407	0.00581	$a=2.35455, k=0.03826$
Modified page	0.99657	0.00424	8.05264×10^{-4}	$k=0.02079, n=2.51795$

(2) 干燥模型的验证

为了保证选择模型的准确性，选取 40℃、10.0m/s，55℃、10.0m/s，45℃、9.5m/s，45℃、10.5m/s 条件下的试验数据进行拟合分析，对比可得试验值与计算值基本吻合，结果如图 4-3 所示，说明 Midilli 模型可较好反映玫瑰花瓣红外喷动床干燥的水分变化规律，可以通过干燥模型对玫瑰花瓣的干燥过程进行分析和预测。

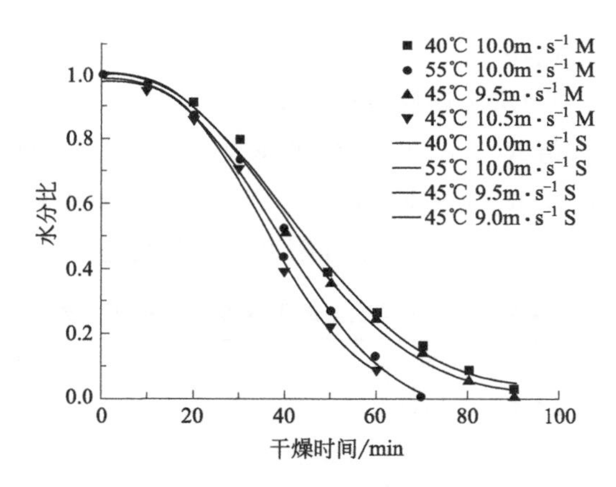

图 4-3　不同条件下试验值与计算值的比较

M 代表实际值；S 代表模拟值

4.3.4　玫瑰花瓣品质特性

固定风速为 10.0m/s，不同温度对玫瑰花瓣品质的影响如表 4-6 所示。固定出风温度为 45℃，不同风速对玫瑰花瓣品质的影响如表 4-7 所示。

表 4-6 出风温度对玫瑰花瓣品质的影响

温度/℃	复水比	总黄酮含量	总酚含量	色泽			
				L^*	a^*	b^*	ΔE
40	3.45 ± 0.20^a	0.17 ± 0.01^c	1.36 ± 0.02^c	36.91 ± 0.52^b	10.64 ± 2.60^a	0.7 ± 0.14^b	20.85 ± 2.24^a
45	2.90 ± 0.08^b	0.23 ± 0.03^a	1.47 ± 0.05^a	37.32 ± 0.48^c	11.26 ± 1.03^a	1.3 ± 0.13^{ab}	21.75 ± 1.00^a
50	2.31 ± 0.10^c	0.19 ± 0.03^b	1.39 ± 0.12^b	37.55 ± 1.38^b	11.48 ± 0.49^a	0.9 ± 0.54^{ab}	20.99 ± 0.19^a
55	2.00 ± 0.20^d	0.17 ± 0.01^c	1.37 ± 0.05^c	39.29 ± 1.26^a	11.84 ± 1.43^a	2.58 ± 1.57^a	19.65 ± 1.84^a

注：a，b，c，d 表示质量等级。

表 4-7 风速对玫瑰花瓣品质的影响

风速/(m/s)	复水比	总黄酮含量	总酚含量	色泽			
				L^*	a^*	b^*	ΔE
9.0	1.58 ± 0.05^d	0.30 ± 0.05^a	1.37 ± 0.01^b	36.47 ± 1.27^a	6.52 ± 0.54^c	0.63 ± 0.70^{ab}	26.08 ± 0.58^c
9.5	2.09 ± 0.05^b	0.33 ± 0.01^a	1.42 ± 0.19^a	34.32 ± 1.37^a	7.16 ± 0.69^c	0.72 ± 0.63^{ab}	26.00 ± 1.14^a
10.0	2.95 ± 0.87^a	0.27 ± 0.02^b	1.47 ± 0.15^a	36.48 ± 0.80^a	948 ± 0.11^b	0.38 ± 0.28^{ab}	23.00 ± 0.30^b
10.5	1.81 ± 0.01^c	0.22 ± 0.04^b	1.28 ± 0.51^c	34.99 ± 0.82^a	11.57 ± 1.97^a	1.08 ± 0.60^b	22.19 ± 1.47^b

注：a，b，c，d 表示质量等级。

由表4-6、表4-7可知，出风温度、风速对玫瑰花瓣的复水比、总黄酮和总酚含量有显著影响（$p<0.05$）。不同温度和风速下玫瑰花瓣复水比的最大值比最小值分别增加了72.5%、86.7%，风速和温度对复水比的影响极显著。风速一定时，温度越高，玫瑰花瓣的复水比越小，这可能是由于温度的升高增大了花瓣内部和表面的蒸气压差，使花瓣表面产生硬化现象，同时物料干燥过程中内部结构被破坏程度高，不利于复水。当温度一定时，随着风速的变化，复水比呈先增大后减小的趋势，当风速较小时，复水比由于干燥时间的延长而降低，这可能是花瓣的微观结构随着干燥时间的延长而被破坏得更严重，降低了花瓣的储水能力。

干燥后的总黄酮含量在0.17～0.33mg/g之间，随着出风温度的升高先增大后减小。在不同的温度下，风速一定时，温度为45℃时总黄酮含量最高，为0.23mg/g；在不同的风速下，温度一定时，风速为9.5m/s时总黄酮含量最高，为0.33mg/g。出风温度和风速过低时，干燥时间过长，黄酮长时间的降解导致含量过低，适当地提高出风温度和风速，有利于有效成分的溶出，有利于总黄酮的保存。黄酮类物质在干燥过程中容易氧化，当温度过高时，影响了黄酮类化合物的热稳定性，黄酮的降解速率提高，含量降低；风速的增大导致花瓣组织细胞与喷动床接触过程发生破损，促使有效成分从细胞中析出，黄酮降解速率提高，风速越大，有效成分与外界接触时间越早，导致总黄酮含量下降。干燥后的总酚含量在1.28～1.47mg/g之间，随着出风温度、风速的增大呈先增大后减小趋势。这可能是因为在较低的温度和风速下，干燥时间更长，而在较高的温度和风速下，物料受热降解速率加快，导致酚类物质损失更大。总酚含量的差异也可能与多酚氧化酶的作用有关，总酚的化学性质不稳定，长时间与空气接触和出风温度过高都会影响多酚氧化酶的活性，酚类物质的氧化变多导致总酚含量减少。

由表4-6、表4-7还可知，温度对玫瑰花瓣色泽L^*影响显著（$p<0.05$），对a^*、b^*、ΔE值影响不显著。随着出风温度的提高，干燥时间逐渐缩短，褐变反应的进程被缩短，美拉德反应产生的类黑素越小，L^*值越大，颜色越亮。风速对a^*、ΔE值影响显著（$p<0.05$），对L^*、b^*值影响不显著。玫瑰花瓣的主导颜色是红色，a^*值越大，ΔE值越小，说明干燥后玫瑰花瓣的色泽越好。风速越大，a^*值越大，ΔE值越小。当温度一定时，风速为10.5m/s时，玫瑰花瓣的a^*值最大，适当地提高风速有利于玫瑰花瓣红色的保持。

4.3.5 微观结构

固定风速为 10.0m/s，不同温度下干燥的玫瑰花瓣微观结构如图 4-4 所示。固定出风温度为 45℃，不同风速下干燥的玫瑰花瓣微观结构如图 4-5 所示。

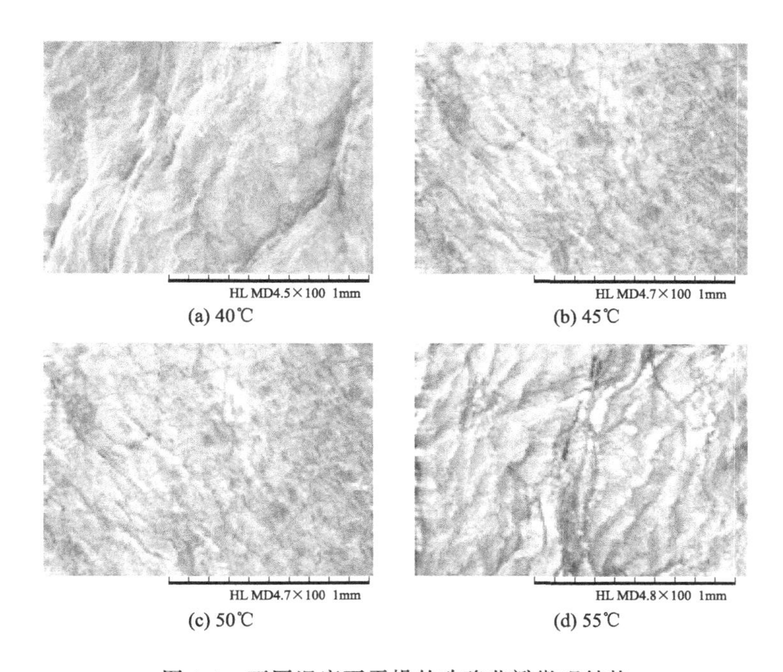

(a) 40℃　(b) 45℃　(c) 50℃　(d) 55℃

图 4-4　不同温度下干燥的玫瑰花瓣微观结构

玫瑰花瓣的干燥是一个不断失水的过程，随着干燥的进行，花瓣会发生不同程度的收缩。由图 4-4、图 4-5 可以看出，在 45℃、9.0m/s 和 40℃、10.0m/s 条件下，干燥温度和风速较低，花瓣呈现条状的褶皱，细胞损伤较小。随着温度和风速的提高，细胞失水的速度越来越快，出现了较严重的组织皱缩变形。在 45℃、10.5m/s 和 55℃、10.0m/s 条件下干燥的玫瑰花瓣细胞壁受到较大的刺激形变，组织结构交织在一起，细胞出现严重皱缩。通过对比可以看出，不同风速下玫瑰花瓣的皱缩变化更大，风速比温度对玫瑰花瓣干燥的影响显著，这与前期研究的干燥速率、有效水分扩散系数的结果相吻合。

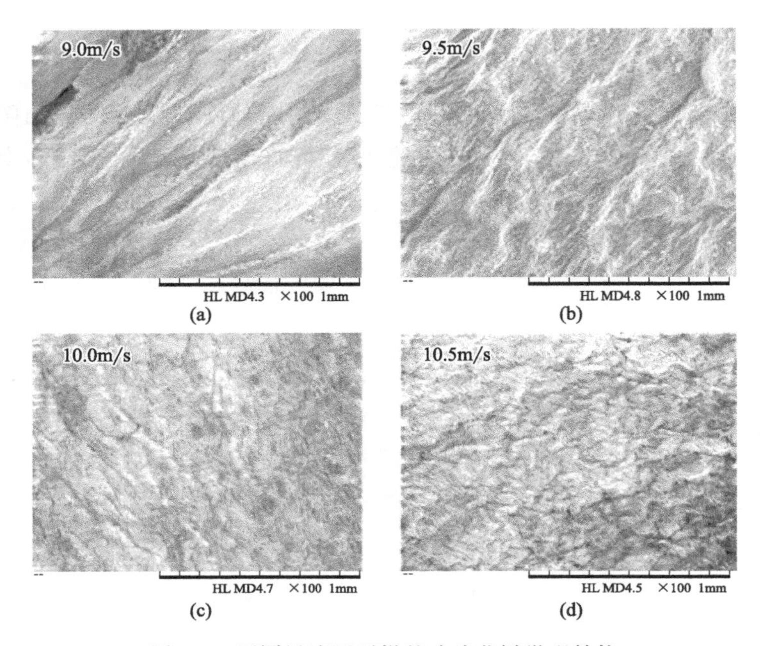

(a) (b) (c) (d)

图 4-5 不同风速下干燥的玫瑰花瓣微观结构

4.3.6 小结

本试验以新鲜玫瑰花瓣为试验材料，进行红外喷动床干燥的研究。以干燥耗时、色泽、复水比、总黄酮含量、总酚含量以及微观结构等为考察指标，全面分析了温度和风速对玫瑰花瓣红外喷动床干燥品质的影响。结论如下：

不同温度和风速下，玫瑰花瓣红外喷动床的干燥曲线和干燥速率曲线呈现基本相同的变化趋势，整个过程分为升速阶段和降速阶段，没有明显的恒速阶段，温度的提高和风速的增大有利于提高干燥速率；利用 Fick 第二定律计算得到的玫瑰花瓣的有效水分扩散系数在 $6.70385\times10^{-10}\sim1.38235\times10^{-9}\,m^2/s$ 之间，其值随着出风温度和风速的增大而增大。温度越高，热效应越强，水分扩散和蒸发得越快；风速越大，玫瑰花瓣表面的空气流动越快，水分扩散越快；通过对 12 种薄层干燥数学模型的比较发现，Midilli 模型 R^2 值最大为 0.99673，RSS 和 χ^2 最小，分别为 0.00404 和 6.07008×10^{-4}，拟合程度最高，因此选择此模型为最优模型，并对其进行验证。确定了 Midilli 模型能较好地反映玫瑰花瓣红外喷动床干燥过程中水分的变化；出风温度和风速对复水比、总黄酮含量、总酚含量均有显著影响，风速对微观结构的影响更显著。

4.4 基于生物活性成分和挥发性成分变化的玫瑰花瓣红外喷动床干燥工艺优化

风味是衡量食品品质优劣的一个重要因素。近年来，国内外研究者越来越重视对风味挥发性成分的研究。挥发性成分的种类、组成和比例对玫瑰品质有很大影响。对玫瑰香气化学成分的研究大多是通过花瓣的溶剂萃取或水蒸气蒸馏法进行的，但这两种方法的挥发性分析并不一定能反映真实的花香或活性花朵所散发出的化合物。相比之下，顶空分析是一种温和方便的技术，即使是对最不稳定的精华成分的检测也很方便。顶空固相微萃取（HS-SPME）结合气相色谱分析-质谱法（GC-MS）作为一种快速、敏感和简单的方法，已广泛应用于风味分析，由于其使用无溶剂技术的显著优势，可以从各种各样的食物中提取挥发性化合物而且对提取物没有副作用。该技术已广泛应用于核桃、切花玫瑰、香蕉等的挥发性成分的检测。

挥发性风味物质作为一种特殊的食品成分，在玫瑰干燥过程中起着重要的作用。香气是反映玫瑰品质的重要指标，是人们可以通过嗅觉感觉到的挥发性物质，这些成分的种类、浓度、感觉阈值及化合物之间的相互作用赋予了玫瑰花特有的香味。在玫瑰的风味物质中已鉴定出 400 多种挥发性化合物，包括碳氢化合物、醇类、酯类、醚类、醛类等。尽管目前已有很多关于玫瑰花香的报道，但主要集中在不同品种、不同花期、不同部位、玫瑰精油、萃取工艺的优化等方面。玫瑰花在干燥过程中会发生复杂的物理化学变化，会影响挥发性物质的含量和组成。玫瑰干制品香气的形成与干燥过程紧密相关，而目前对玫瑰花干燥过程中挥发性成分的研究较少。作为一种新型的干燥方式，有必要研究对比红外喷动床干燥与其他传统干燥方法对玫瑰花挥发性成分的影响。

4.4.1 试验方法

4.4.1.1 试验设计

将新鲜的玫瑰花瓣置于 70℃水浴锅中烫漂 2min，处理后用滤纸吸取表面水分，取 200.0g 投放到红外喷动床内。初始含水率为 87.65%。试验过程中每 20min 随机取样进行测定，直至干燥物料的含水率小于 0.15g/g（以湿基计，下同）后停止干燥。

为了研究固定风速和变风速对干燥过程的影响，三个固定风速干燥策略

(7.5m/s，8.5m/s，9.5m/s) 以及一个变风速策略 (0～40min 为 9.5m/s；40～100min 为 8.5m/s；100～120min 为 7.5m/s) 分别使用在本研究中。

4.4.1.2 样品分析

(1) 总黄酮含量的测定

总黄酮物质的提取与检测采用 $NaNO_2$-$AlCl_3$ 法。称取 2g 干燥后的玫瑰花瓣粉末，加入 30mL 50%乙醇超声处理 1h，抽滤后取提取液于离心管中，设置转速为 10000r/min，离心 10min。取上清液于比色管中，加入 3mL 30%乙醇和 0.3mL 5% $NaNO_2$ 溶液，摇匀放置 5min；加入 0.3mL 10% $Al(NO_3)_3$ 溶液，摇匀放置 6min；加入 2mL 4% NaOH 溶液，摇匀，用 30%乙醇稀释至 10mL，在 510nm 处测定吸光度。总黄酮含量以干物质质量样品的芦丁为标准物质计。

(2) 总酚含量的测定

总酚物质的提取与检测采用 Folin-Ciocaileu 法。称取 2g 干燥后的玫瑰花瓣粉末，加入 30mL 50%乙醇超声处理 1h，抽滤后取提取液于离心管中，设置转速为 10000r/min，离心 10min。取上清液于比色管中，加入 0.5mL 福林酚试剂，反应 3min；加入 3mL 6% Na_2CO_3 溶液，用蒸馏水稀释至 5mL，摇匀，避光保存 2h，在 765nm 处测定吸光度。总酚含量以干物质质量样品的没食子酸为标准物质计。

(3) 挥发性物质的测定

HS-SPME 条件：

将萃取头在进样口于 250℃老化 2h。将新鲜花瓣和用 4 种不同方法干燥后的玫瑰花瓣打碎成粉末，称取 1.5g 玫瑰花粉末于 15mL 顶空瓶中，在 60℃水浴锅中恒温水浴 40min 进行样品提取。提取结束后将老化好的顶空固相萃取头通过隔垫中间针孔插入顶空瓶中，调整顶空固相微萃取头在顶空瓶的位置 (针头应悬于待测样品上方 1cm 处)，进行成分吸附萃取，萃取温度 60℃，萃取时间 40min。吸附结束后取出萃取头迅速插进进样口解析 5min，在设置好气相色谱质谱联用仪的各项试验参数条件下，进行样品测定。

GC-MS 分析：

GC 工作条件：色谱柱为 HP-5 (30m×0.25mm×0.25μm)；载气为氦气，流速 1.5mL/min。程序升温：起始温度 40℃，保持 3min；以 6℃/min 的速度升至 100℃，保持 1min；以 15℃/min 的速度升至 160℃，保持 1min；再以 6℃/min 的速度升至 190℃，保持 1min；最后以 15℃/min 的速度升至

250℃，保持 3min。

MS 工作条件：电离方式为电子电离，接口温度为 250℃，离子源温度为 280℃，电子能量为 70eV，扫描质量范围为 41～600amu。

4.4.1.3　数据分析

用 NIST-11 对收集的挥发性成分进行总离子色谱分析，确定挥发性成分的化学组成。采用峰面积归一化法测定各成分的相对含量。采用 Origin 8.5 软件处理数据及作图，采用 SPSS 20.0 软件对数据进行统计分析，显著性差异 $p<0.05$。

4.4.2　玫瑰花瓣红外喷动床干燥过程中生物活性成分分析

（1）总黄酮含量的变化

图 4-6 反映了在不同的红外喷动床干燥策略下玫瑰花瓣干燥过程中总黄酮含量的变化曲线。如图 4-6 所示，新鲜玫瑰花瓣的总黄酮含量为 0.14mg/g，在整个干燥过程中总黄酮含量的变化遵循一个三阶变化趋势：最初的快速下降趋势；中期的逐渐上升阶段；最后的快速下降阶段。观察发现，风速越大，总黄酮含量越快达到最大值，达到峰值后开始降低。可能是随着干燥时间的延长，水分含量不断降低，各种生理活性逐渐减弱，总黄酮含量也开始降低。不同干燥策略下干燥后的总黄酮含量在 0.11mg/g 和 0.14mg/g，基本与新鲜花瓣含量相当，风速越大，热量累积越多，总黄酮的降解速率越高，玫瑰花瓣干

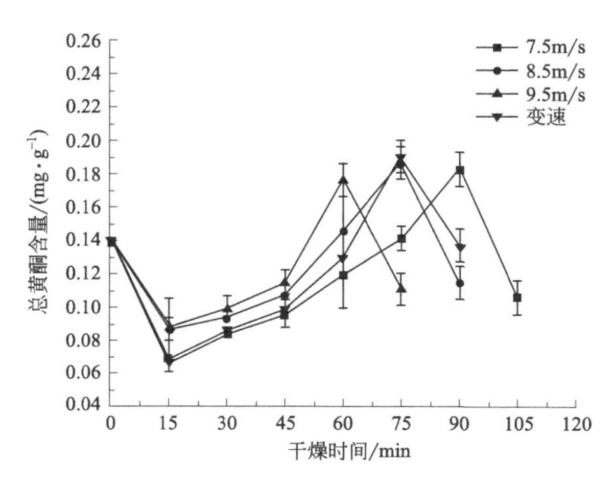

图 4-6　玫瑰花瓣红外喷动床干燥过程中总黄酮含量变化

燥后的总黄酮含量越小。变速的干燥策略下玫瑰花瓣总黄酮含量的变化趋势与不同风速下一致，虽然比高风速下的干燥速率低，但有助于总黄酮含量的保存。

（2）总酚含量的变化

图 4-7 反映了在不同的红外喷动床干燥策略下玫瑰花瓣干燥过程中总黄酮含量的变化曲线。如图 4-7 所示，不同干燥策略下玫瑰花瓣总酚含量的变化一致，均呈先升高后降低的趋势。当风速为 7.5m/s 时，0～20min 之间，含量从鲜样时的 0.91mg/g 上升到 1.46mg/g，上升幅度达到 37.67%，可能是刚采摘后的玫瑰启动了植物的抗干旱胁迫机制，提高了总酚含量抵御干燥环境。20min 后总酚含量开始降低，且变化比较平稳。干燥后的总酚含量比新鲜样品的高，酚类化合物常存在于植物液泡中，可能是干燥破坏了花瓣的细胞结构，释放出更多的酚类物质，从而导致含量的升高。风速为 7.5m/s、9.5m/s 时，干燥后的总酚含量为 1.332mg/g、1.329mg/g，变速干燥后的含量为 1.357mg/g，提高了 1.88%、2.11%，干燥时间延长、风速增大，玫瑰花瓣受热降解速率加快，在适当的风速下可以使化合物更容易释放，导致了总酚含量的增加。

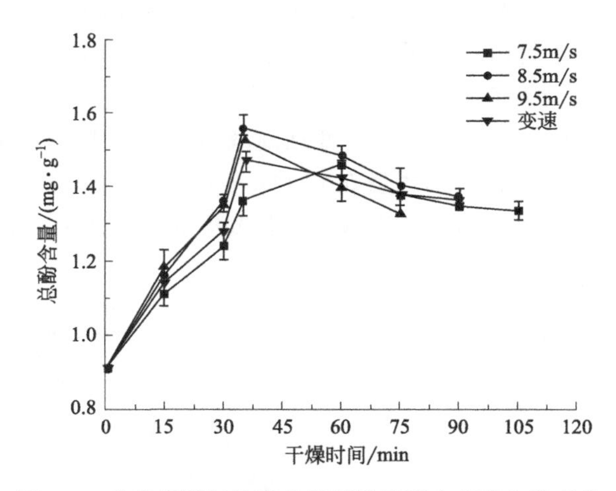

图 4-7 玫瑰花瓣红外喷动床干燥过程中总酚含量变化

4.4.3 玫瑰花瓣红外喷动床干燥过程中挥发性成分的变化行为

玫瑰花瓣在不同干燥过程中挥发性成分种类及其相对含量如图 4-8、图 4-9 所示。由图可知，新鲜玫瑰花瓣中共检测出 13 种挥发性成分，主要为烷烃类、酯类、萜烯类，酯类和烷烃类是新鲜玫瑰花瓣中含量最丰富的两种挥发性成分，分别占到总挥发性成分的 39.74%和 34.97%，是主要香气成分。在干燥过程中，各类挥发性风味成分的种类和相对含量都在发生变化，生成了少量的醛类、酸类、酮类、酰胺类、醇类、酚类、炔烃类。

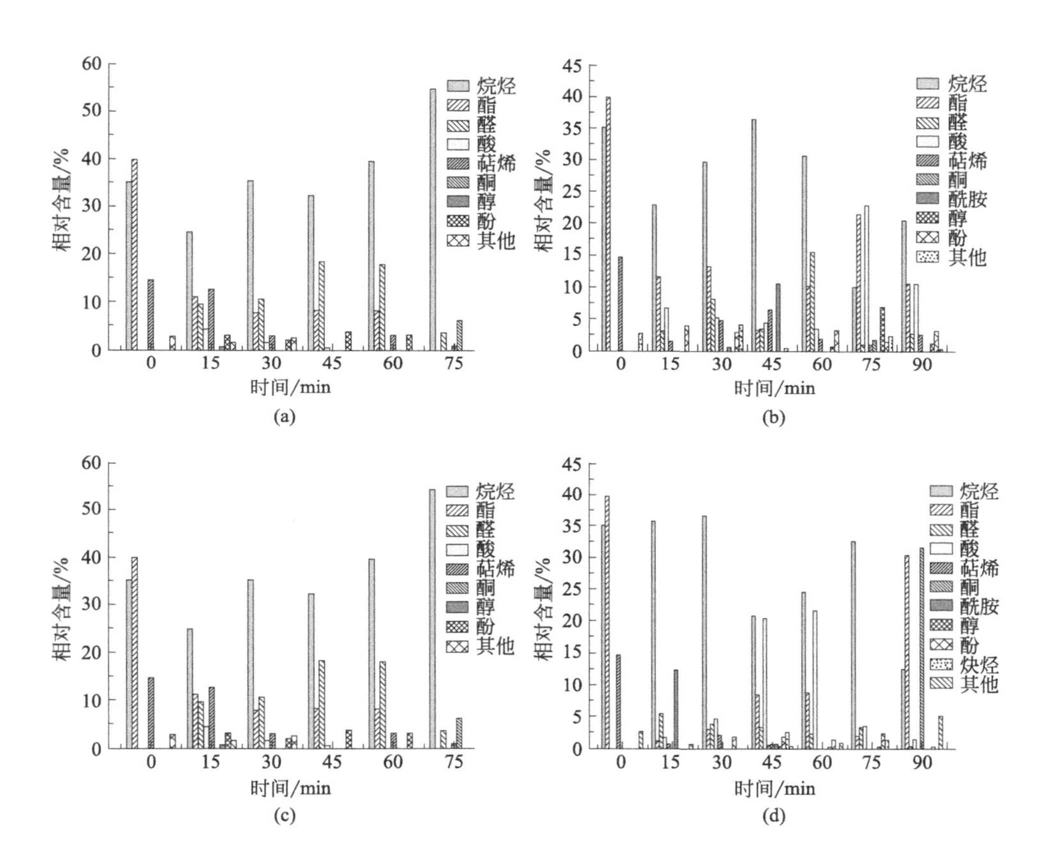

图 4-8　玫瑰花瓣在不同红外喷动床干燥条件下挥发性成分的相对含量

(a) 为玫瑰花瓣在风速为 7.5m/s 时挥发性成分的相对含量；(b) 为玫瑰花瓣在风速为 8.5m/s 时挥发性成分的相对含量；(c) 为玫瑰花瓣在风速为 9.5m/s 时挥发性成分的相对含量；(d) 为玫瑰花瓣在变速时挥发性成分的相对含量

(1) 烷烃类挥发性成分分析

新鲜玫瑰花瓣中，烷烃类物质相对含量较高，为 34.97%，在不同干燥过程中烷烃含量均最高。当风速为 7.5m/s 时，烷烃含量呈先减少再增加再减少再增加，最后减少的趋势；当风速为 8.5m/s 时，烷烃含量呈先减少再增加最后减少的趋势；当风速为 9.5m/s 时，烷烃含量呈先降低再增加再降低最后增

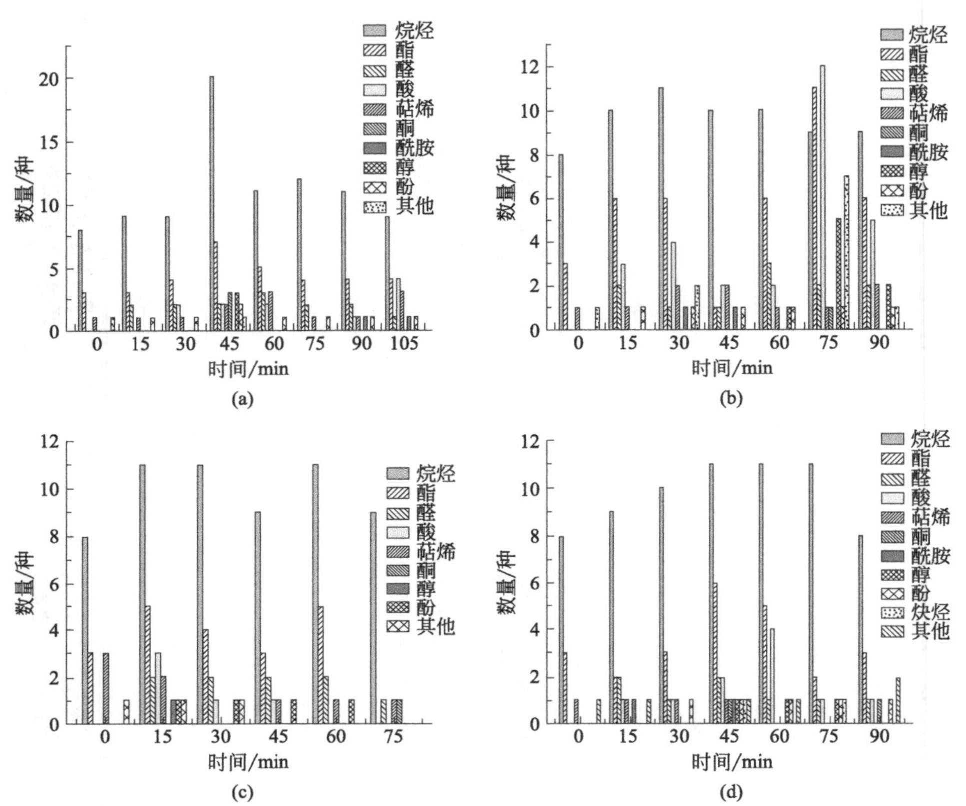

图 4-9 玫瑰花瓣在不同红外喷动床干燥条件下挥发性成分的种类

(a) 为玫瑰花瓣在风速为 7.5m/s 时挥发性成分的种类；(b) 为玫瑰花瓣在风速为 8.5m/s 时挥发性成分的种类；(c) 为玫瑰花瓣在风速为 9.5m/s 时挥发性成分的种类；(d) 为玫瑰花瓣在变速时挥发性成分的种类

加的趋势；变速干燥时，烷烃含量先增加再降低再增加最后降低的趋势。与新鲜玫瑰花瓣相比，当风速为 7.5m/s、8.5m/s 和变速干燥时，最终的烷烃含量降低；当风速为 9.5m/s 时，烷烃类物质的相对含量（54.37%）增加显著，增加 55.48%。这说明不同干燥过程中玫瑰花瓣烷烃类挥发性成分相对含量和变化规律不一致。干燥过程中，烷烃的种类有波动，但总体呈增加趋势。新鲜玫瑰花瓣的干燥过程中，烷烃类含量波动较大，说明干燥过程中有生成新的烷烃类物质，新鲜花瓣中的烷烃类物质也有消失的，但最终不同干燥条件下烷烃的种类为 9、9、9、8 种，与新鲜花瓣中烷烃的种类 8 种接近。如图 4-10、图 4-11 所示，新鲜玫瑰花瓣中，烷烃物质中八甲基环四硅氧烷、十甲基环五硅氧烷含量较高，与葛红娟等人的研究结果一致，可广泛应用于食品等领域。

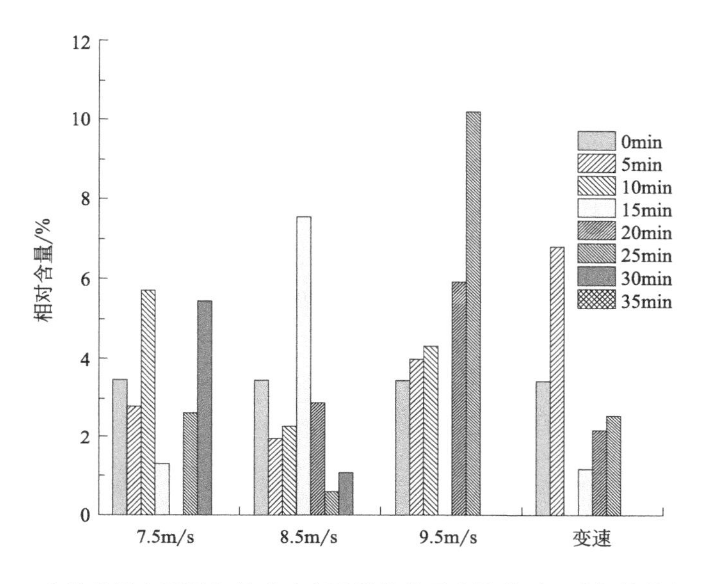

图 4-10　玫瑰花瓣在不同红外喷动床干燥条件下八甲基环四硅氧烷的相对含量

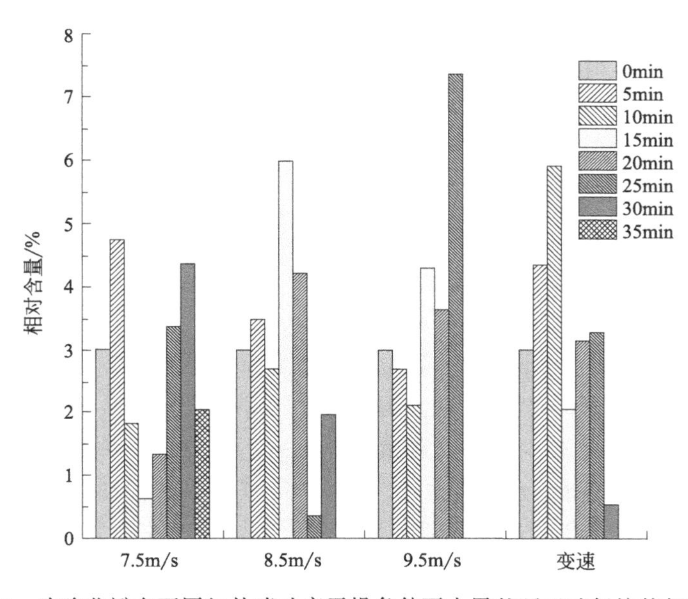

图 4-11　玫瑰花瓣在不同红外喷动床干燥条件下十甲基环五硅氧烷的相对含量

(2) 萜烯类挥发性成分分析

萜烯类化合物是使玫瑰油产生新鲜香气的必要组分，且阈值较低，具有令人愉悦的辛香和百合香气。新鲜玫瑰花瓣中萜烯类物质的含量为 14.62%，随着干燥的进行，萜烯类物质含量明显降低，变速干燥的过程中萜烯类物质消失。玫瑰花中萜烯类挥发性物质以柠檬醛为主，柠檬醛具有强烈的柠檬香气。如图 4-12 所示，在不同的干燥过程中，柠檬醛含量均呈快速下降、缓慢增加、降低显著的趋势。鲜样中柠檬醛的含量为 14.62%，用 4 种策略干燥后玫瑰花瓣的柠檬醛相对含量为 2.65%、1.39%、0.79%、3.45%，在干燥后期，相同的干燥时间下，风速越大，柠檬醛的相对含量越低。

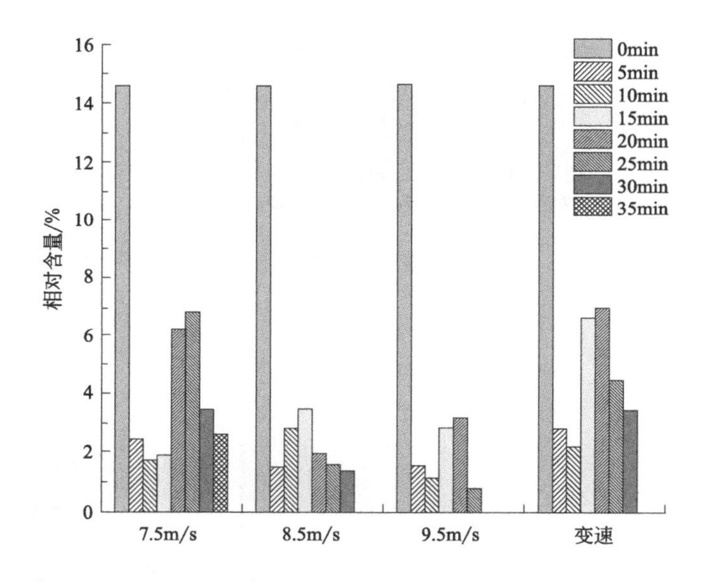

图 4-12 玫瑰花瓣在不同红外喷动床干燥条件下柠檬醛的相对含量

(3) 酯类挥发性成分分析

酯类主要用于增强玫瑰的香甜气味，使之充实并有厚实的底蕴。新鲜玫瑰花瓣中，酯类物质相对含量最高，为 39.74%，在干燥过程中，酯类物质的含量有波动，但整体呈减少趋势，风速为 7.5m/s、8.5m/s 和变速干燥时，最终产品的酯类物质含量分别减少了 85.41%、73.43%、23.40%，当风速为 9.5m/s 时，干燥样品中未检测到酯类物质。新鲜玫瑰花瓣的酯类物质有 3 种，在不同的干燥策略下，随着干燥的进行，最初的 3 种酯类物质均消失，生成新的酯类物质。

(4) 醇类挥发性成分分析

当风速为 7.5m/s、8.5m/s、9.5m/s 和变速干燥时，干燥过程分别生成醇类物质 3 种、5 种、2 种、2 种。醇类物质是影响玫瑰香气浓郁程度的关键成分，干燥过程中醇类物质的含量不高。其中，苯乙醇有柔和、愉快而持久的玫瑰香味，干燥过程中苯乙醇的含量变化如图 4-13 所示。新鲜玫瑰花瓣中未检测到苯乙醇，随着干燥的进行，逐渐有苯乙醇生成。当风速为 9.5m/s，在干燥初期检测到苯乙醇；当风速为 7.5m/s，在干燥 20min 时检测到苯乙醇，随后消失；当风速为 8.5m/s 时，苯乙醇含量呈先增加后降低的趋势；变速干燥时，苯乙醇含量呈先降低后增加的趋势。这说明使用不同策略干燥后的玫瑰花瓣，其香气浓郁程度存在较大差异，与低风速和高风速相比，变速干燥后的玫瑰花瓣香气更浓郁。

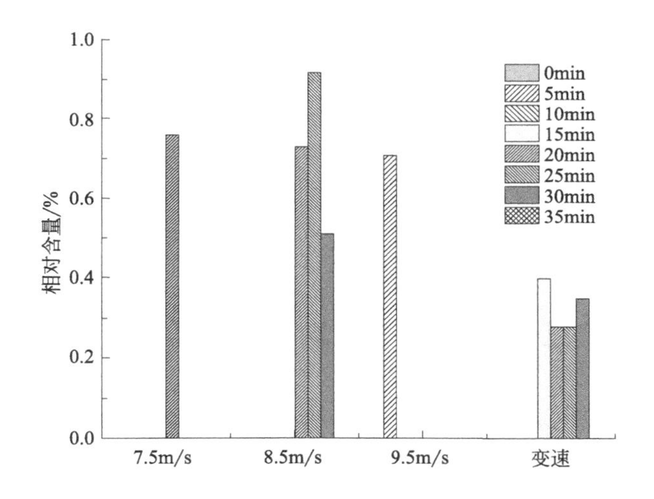

图 4-13　玫瑰花瓣在不同红外喷动床干燥条件下苯乙醇的相对含量

(5) 其他物质的变化情况

玫瑰花瓣红外喷动床干燥过程中的挥发性成分除了烷烃类、酯类、萜烯类、醇类物质外，还检测出醛类、酸类、酮类、酰胺类、酚类、炔烃类等物质。新鲜的玫瑰花瓣中未检测到醛类物质，干燥过程中有新的醛类物质生成又消失，最终醛类物质的种类为 1～2 种。在不同的干燥条件下，苯甲醛相对含量较高，与姬懿珊等的结果一致。脂肪酸类化合物是许多挥发性成分的重要前提物质之一，如月桂酸，是呈现花香味的重要物质。在风速为 7.5m/s 和变速过程中，都有月桂酸生成。玫瑰花的香气构成复杂，各类挥发性成分相互作用，共同构成了玫瑰花的独特香味。

4.4.4 小结

① 在整个干燥过程中总黄酮含量的变化遵循一个三阶变化趋势：最初的快速下降趋势；中期的逐渐上升阶段；最后的快速下降阶段。风速越大，总黄酮含量越快达到最大值。相比于高风速下的干燥速率，变速的干燥策略有助于总黄酮含量的保存。

② 不同干燥策略下玫瑰花瓣总酚含量的变化一致，均呈先升高后降低的趋势。干燥破坏了花瓣的细胞结构，释放出更多的酚类物质，从而导致干燥后总酚含量的升高。干燥时间延长、风速增大，加快玫瑰花瓣受热降解速率，在适当的风速下可以使化合物更容易释放，导致了总酚含量的增加。

③ 新鲜玫瑰花瓣中共检测出 13 种挥发性成分，主要为烷烃类、酯类、萜烯类，酯类和烷烃类是新鲜玫瑰花瓣中含量最丰富的两种挥发性成分，是主要香气成分。在干燥过程中，各类挥发性风味成分的种类和相对含量都发生了变化，生成了少量的醛类、酸类、酮类、酰胺类、醇类、酚类、炔烃类。玫瑰花的香气构成复杂，各类挥发性成分相互作用共同构成了玫瑰花的独特香味。变速干燥策略可以较好地保持玫瑰花的营养成分和香味。

4.5 玫瑰花瓣红外喷动床干燥均匀性评价

食用花因其颜色、风味、香气以及含有酚类等生物活性物质而备受人们的关注。在食用花中，玫瑰因其色泽、香气和风味良好而备受人们喜爱。玫瑰花富含维生素、类黄酮、总酚和多糖等多种对消费者有益的生物活性物质，可预防一些慢性疾病，如糖尿病、癌症和认知衰退。这些特性使得玫瑰花被广泛应用于食品工业，例如，茶、果酱、果冻等。为了延长玫瑰花的货架期和方便运输，经常采用不同的干燥方法对新鲜的玫瑰花进行干燥。

干燥均匀性是影响产品干燥品质的重要指标之一，干燥不均匀很容易造成干燥物料局部温度过高而导致物料出现“热”“冷”点。目前，有许多学者针对干燥过程中的加热均匀性进行了有针对性的研究。马立等发现利用单一的红外干燥技术干燥毛豆，产品干瘪现象严重，利用红外喷动床联合干燥技术，干制品具有较好的香味和感官品质，提高了产品干燥的均匀性。代建武等设计了一种旋转托盘式微波真空干燥机，以改变传统微波干燥装置存在的物料加热不均匀、热点难以控制及干燥品质劣变严重等缺点，与传统微波干燥方式相比，旋转托盘式微波真空干燥确保物料受热均匀，提高了干燥效率和物料干燥品质。王海鸥等利用微波冻干设备试验分析了该设备的微波施加方式对料盘间、料盘内物料干燥均匀性的影响，发现微波冻干过程中物料外层干燥快、中间层干燥慢，与整体开启方式相比，交替开启方式可提高物料的干燥均匀性；干燥过程中同一物料周边干燥快、中心部位干燥慢，与整体开启方式相比，微波交替开启方式能明显改善同一物料的干燥均匀性。

就玫瑰的干燥而言，许多学者进行了研究，集中在干燥方式的对比、预处理方式、干花的制作等。玫瑰花整个干燥过程干燥均匀性没有进行深入研究，针对挥发性物质的研究报道也较少。采用三种常见的干燥方法（热风干燥、红外干燥、真空冷冻干燥）和一种新型的红外喷动床干燥方式对玫瑰花进行干燥。主要研究不同干燥方式对玫瑰品质、挥发性成分和干燥均匀性的影响，探索出最适干燥方法。

4.5.1 试验方法

4.5.1.1 试验设计

热风干燥：温度设置为 55℃。

真空冷冻干燥：样品在－20℃冷冻 8h，然后进行冷冻干燥。

红外干燥：温度设置为 60℃。

喷动床干燥：温度设置为 45℃，风速设置为 10.0m/s。

4.5.1.2 样品分析

（1）总黄酮含量的测定

总黄酮物质的提取与检测采用 $NaNO_2$-$AlCl_3$ 法。称取 2g 干燥后的玫瑰花瓣粉末，加入 30mL 50%乙醇超声处理 1h，抽滤后取提取液于离心管中，设置转速为 10000r/min，离心 10min。取上清液于比色管中，加入 3mL 30%乙醇和 0.3mL 5% $NaNO_2$ 溶液，摇匀放置 5min；加入 0.3mL10% $Al(NO_3)_3$ 溶液，摇匀放置 6min；加入 2mL 4% NaOH 溶液，摇匀，用 30%乙醇稀释至 10mL，在 510nm 处测定吸光度。总黄酮含量以干物质质量样品的芦丁为标准物质计。

（2）总酚含量的测定

总酚物质的提取与检测采用 Folin-Ciocaileu 法。称取 2g 干燥后的玫瑰花瓣粉末，加入 30mL 50%乙醇超声处理 1h，抽滤后取提取液于离心管中，设置转速为10000r/min，离心10min。取上清液于比色管中，加入0.5mL福林酚试剂，反应3min；加入3mL 6% Na_2CO_3溶液，用蒸馏水稀释至5mL，摇匀，避光保存2h，在765nm处测定吸光度。总酚含量以干物质质量样品的没食子酸为标准物质计。

(3) 干燥均匀性的测定

干燥过程中定期将玫瑰花瓣从干燥仓取出进行水分含量和温度的测量。本实验研究将红外喷动床的干燥产品的干燥均匀度定义为相对标准差（RSD），即标准差（SD）与平均测量值的比值。标准差越低，说明喷动床干燥后物料间品质的差异性越小，干燥均匀性越好。

水分含量通过快速水分测定仪测定；同时利用红外热成像仪对不同时间间隔的玫瑰花瓣干燥温度的分布进行测量，进行产品干燥温度均匀度的分析。

(4) 微观结构的测定

使用扫描电子显微镜观察干燥后的玫瑰花瓣的微观结构，用石墨双面胶将待测样品粘在样品台上，于真空条件下将样品放入扫描电镜观察，将样品放大300倍，进行图谱采集。

(5) 挥发性成分的测定

HS-SPME条件：

将萃取头在进样口于250℃老化2h。将新鲜花瓣和用4种不同方法干燥后的玫瑰花瓣打碎成粉末，称取1.5g玫瑰花粉末于15mL顶空瓶中，在60℃水浴锅中恒温水浴40min进行样品提取。提取结束后将老化好的顶空固相萃取头通过隔垫中间针孔插入顶空瓶中，调整顶空固相微萃取头在顶空瓶的位置（针头应悬于待测样品上方1cm处），进行成分吸附萃取，萃取温度60℃，萃取时间40min。吸附结束后取出萃取头迅速插进进样口解析5min，在设置好气相色谱质谱联用仪的各项试验参数条件下，进行样品测定。

GC-MS分析：

GC工作条件：色谱柱为HP-5（30m×0.25mm×0.25μm）；载气为氦气，流速1.5mL/min。程序升温：起始温度40℃，保持3min；以6℃/min的速度升至100℃，保持1min；以15℃/min的速度升至160℃，保持1min；再以6℃/min的速度升至190℃，保持1min；最后以15℃/min的速度升至250℃，保持3min。

MS工作条件：电离方式为电子电离，接口温度为250℃，离子源温度为280℃，电子能量为70eV，扫描质量范围为41～600amu。

4.5.1.3 数据处理与分析

用 NIST-11 对收集的挥发性成分进行总离子色谱分析，确定挥发性成分的化学组成。采用峰面积归一化法测定各成分的相对含量。采用 Origin 8.5 软件处理数据及作图，采用 SPSS 20.0 软件对数据进行统计分析，显著性差异 $p<0.05$。

4.5.2 干燥时间和品质特性的对比

从表 4-8 可以看出，与 HAD 和 IRD 样品相比，IR-SBD 样品的总黄酮和总酚含量较高。可能是由于 IRD 时间过长，活性成分降解时间过长导致含量偏低。这与 Kay 等的研究结果一致。热风干燥导致热量在花瓣表面积累，干燥不均匀导致干燥后的产品质量较差。复水比有显著差异。FD 样品的复水比最大，为 5.90；IRD 样品的复水比最小，为 1.56。IR-SBD 样品的复水比为 2.95，分别比 HAD 和 IRD 样品高出了 56.08%和 89.10%。这与玫瑰内部结构破坏程度有关。被破坏程度越高，样品复水比越小。众所周知，色泽是影响消费者选择的一个关键因素，对于玫瑰来说，鲜艳的红色可以在第一时间吸引人们的注意。不同干燥方法对 L^* 的影响不明显。HAD 样品的 L^* 低于其他三种方法处理的样品。在 a^* 上有显著差异。FD 干燥样品的 a^* 值明显高于其他干燥方法干燥的样品。FD 样品呈宜人的红色。这一观察结果与 Jiang 等的研究结果一致。热风干燥导致了最低的 L^* 和 a^*，说明热风干燥的样品褐变严重。

表 4-8 不同干燥方式对玫瑰花瓣干燥时间、总黄酮含量、总酚含量、复水比和色泽的影响

干燥方式	干燥时间/min	总黄酮含量/(mg·g⁻¹)	总酚含量/(mg·g⁻¹)	复水比	色泽			
					L^*	a^*	b^*	ΔE
新鲜	—	0.14 ± 0.01^{bc}	0.91 ± 0.03^{b}	—	40.54 ± 1.03^{a}	15.67 ± 1.10^{b}	2.97 ± 1.25^{a}	—
热风干燥	110	0.10 ± 0.01^{c}	0.77 ± 0.06^{c}	1.89 ± 0.15^{c}	36.85 ± 2.07^{b}	12.10 ± 2.19^{c}	-0.07 ± 0.43^{b}	6.11 ± 2.58^{a}
红外干燥	675	0.14 ± 0.01^{bc}	0.89 ± 0.08^{b}	1.56 ± 0.19^{d}	39.58 ± 0.61^{a}	14.77 ± 1.43^{b}	0.75 ± 0.26^{b}	2.83 ± 0.70^{b}
真空冷冻干燥	1440	0.20 ± 0.06^{a}	1.12 ± 0.02^{a}	5.90 ± 0.05^{a}	41.37 ± 1.79^{a}	21.73 ± 1.45^{a}	-0.16 ± 0.38^{b}	7.05 ± 1.30^{a}

续表

干燥方式	干燥时间/min	总黄酮含量/(mg·g^{-1})	总酚含量/(mg·g^{-1})	复水比	色泽			
					L^*	a^*	b^*	ΔE
红外喷动床干燥	100	0.17±0.0.01[a]	1.01±0.01[a]	2.95±0.09[b]	38.48±0.80[b]	13.48±0.11[c]	0.38±0.28[b]	6.86±0.52[a]

通过以上比较，发现不同干燥方式的玫瑰品质特性存在明显差异。红外喷动床干燥产品的品质虽然低于真空冷冻干燥，但可以得到比热风干燥和红外干燥更好的干制品。从表 4-8 可以看出，真空冷冻干燥工艺干燥时间最长(1440min)，红外喷动床干燥工艺耗时 100min，分别比真空冷冻干燥和红外干燥减少了 93%和 85%左右。红外喷动床干燥工艺的运行成本远远低于真空冷冻干燥，是一种很好的玫瑰花瓣处理方法。

4.5.3 干燥均匀性分析

对于水分含量而言，选用同种规模同批次的玫瑰花瓣，起始点水分含量差异不大，RSD 值较小。不同干燥过程中，RSD 值较起点时均有变化。热风干燥、红外干燥过程中 RSD 值明显高于起始点，与热风干燥、红外干燥的不均匀有关。相比较而言，红外喷动床内样品量增多，玫瑰花瓣受热均匀，干燥过程中 RSD 值与起始点接近，且明显低于热风干燥、红外干燥。从 RSD 值可以看出，红外喷动床干燥过程中降低了水分含量分布的不均匀性。见表 4-9。

表 4-9 不同干燥过程中随机抽取的玫瑰花瓣水分含量统计分析

干燥方式	干燥时间/min	MC/%	RSD/%
热风干燥	20	80.1±0.18	4.9
	40	69.2±0.12	7.6
	60	53.7±0.13	7.5
	80	29.8±0.08	7.2
	110	12.8±0.05	7.4
红外干燥	120	78.4±0.21	5.7
	240	64.9±0.19	7.9
	360	45.3±0.16	7.5
	480	20.8±0.12	7.4
	660	12.6±0.15	8.0

续表

干燥方式	干燥时间/min	MC/%	RSD/%
红外喷动床干燥	20	82.7±0.17	1.7
	40	63.2±0.12	2.8
	60	30.3±0.09	2.6
	80	18.8±0.10	2.2
	100	13.2±0.05	2.3

注：表中数据为平均值±SD。

热风干燥、红外干燥、红外喷动床干燥过程中不同干燥时间的玫瑰花瓣温度分布及统计结果如图 4-14～图 4-16 和表 4-10 所示。干燥过程中，热风干燥样品的温度范围为 20～39℃，红外干燥样品的温度范围为 16～34℃，而红外喷动床干燥样品的范围为 19～29℃。热风干燥和红外干燥处理玫瑰花瓣的温差较大，相比之下，红外喷动床干燥处理样品的温差更小，温度分布均匀性较好。随着干燥的进行，红外喷动床干燥样品呈现更均匀的温度分布，RSD 值也逐渐降低。而热风干燥和红外干燥较高的 RSD 值也表明其干燥的不均匀性。以上均可说明红外喷动床干燥技术有利于改善干燥过程中温度分布的均匀性。

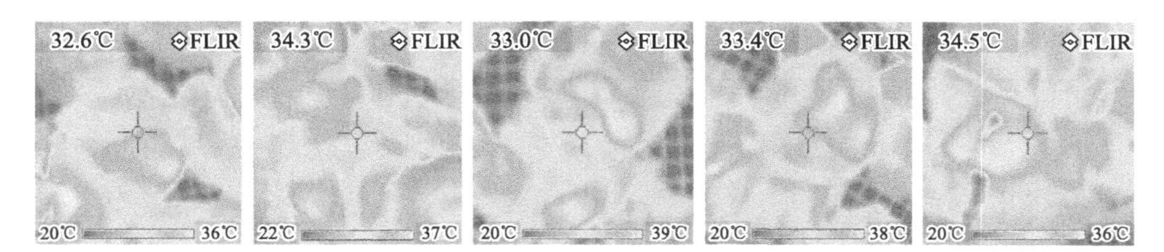

图 4-14　基于红外热成像的热风干燥玫瑰花瓣温度分布图

分别为热风干燥至 20min、40min、60min、80min、110min 的热像图

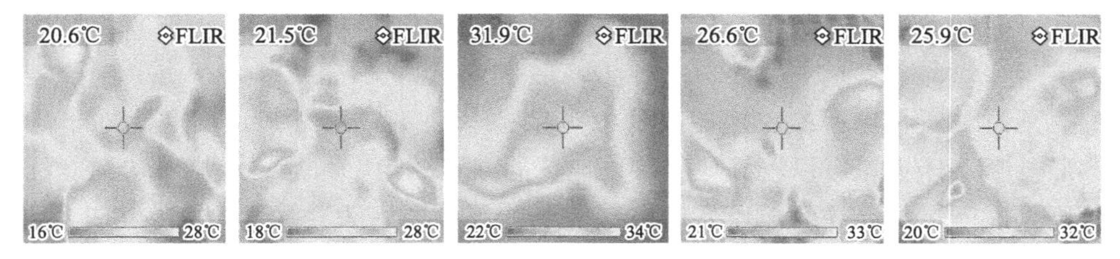

图 4-15　基于红外热成像的红外干燥玫瑰花瓣温度分布图

分别为红外干燥至 120min、240min、360min、480min、660min 的热像图

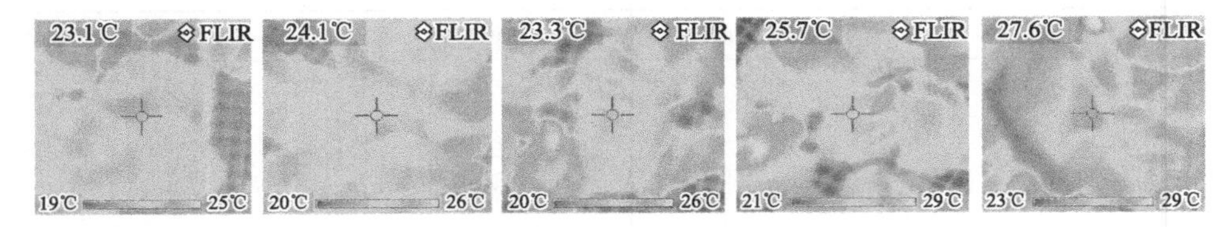

图 4-16　基于红外热成像的红外喷动床干燥玫瑰花瓣温度分布图

分别为红外喷动床干燥至 20min、40min、60min、80min、100min 的热像图

表 4-10　基于红外热成像的不同干燥时间玫瑰花瓣样品温度分布统计分析

干燥方式	干燥时间/min	T_{min}/℃	T_{max}/℃	$T_{average}$/℃	RSD/%
热风	20	20	36	32.6	15.67
	40	22	37	34.3	14.79
	60	20	39	33.0	16.82
	80	20	38	33.4	15.92
	110	20	36	34.5	15.35
红外	120	16	28	20.6	12.78
	240	18	28	21.5	11.18
	360	22	34	31.9	12.11
	480	21	33	26.6	11.86
	660	20	32	25.9	11.54
红外喷动床	20	19	25	23.1	11.79
	40	20	26	24.1	7.52
	60	20	26	23.3	7.17
	80	21	29	25.7	6.86
	100	23	29	27.6	6.15

注：T_{max} 为样品最高表面温度；T_{min} 为样品最低表面温度；$T_{average}$ 为样品平均表面温度。

4.5.4　微观结构

通过观察干燥后的玫瑰花瓣的微观结构（图 4-17）可知，真空冷冻干燥和红外喷动床干燥可以较好地保持玫瑰花的细胞结构，而热风干燥不均匀、红外干燥时间过长，导致干燥后的玫瑰花瓣变形严重，发生较大皱缩。SEM 呈现的结果与前期研究的干燥均匀性、干燥耗时等结果吻合。

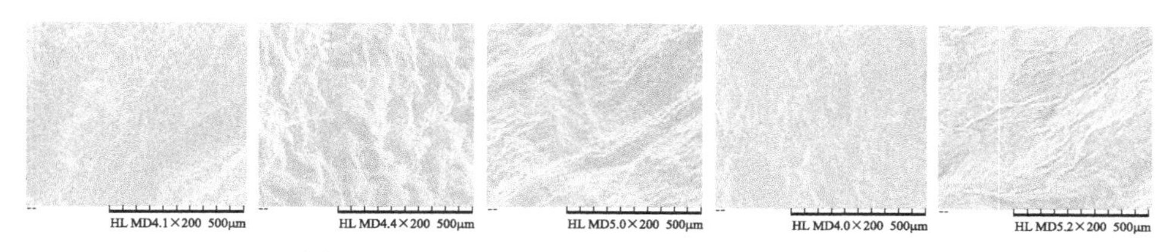

图 4-17　不同干燥方式下玫瑰花瓣的微观结构
分别为新鲜、热风干燥、红外干燥、真空冷冻干燥、红外喷动床干燥

4.5.5　挥发性成分的鉴定与分析

（1）玫瑰花挥发性成分色谱行为

对新鲜、热风干燥、红外干燥、真空冷冻干燥、红外喷动床干燥玫瑰花瓣进行分析测定，总离子流色谱图如图 4-18～图 4-22 所示。

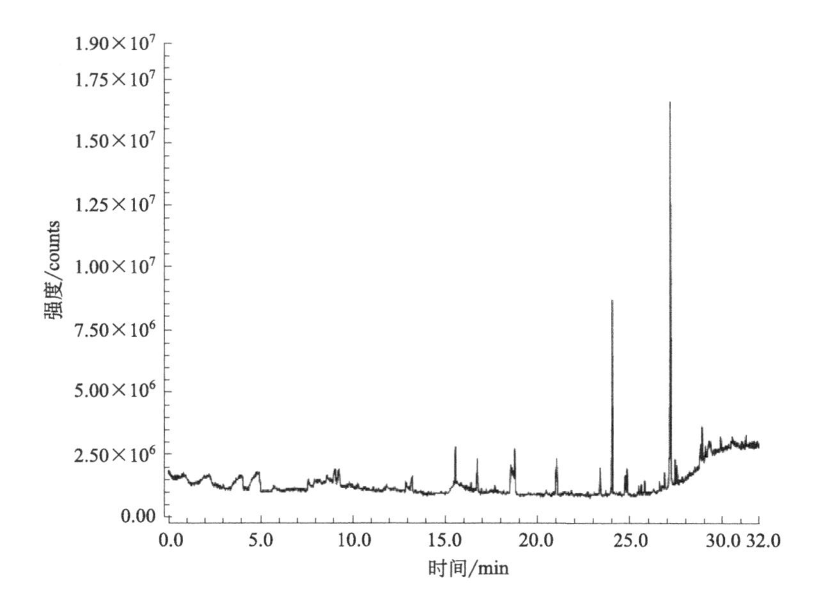

图 4-18　新鲜玫瑰花瓣中挥发性成分的总离子流色谱图

（2）挥发性成分分析结果

各组分的鉴定分析结果见表 4-11。可以看出，新鲜玫瑰中有 12 种挥发性成分。用四种干燥方法干燥后的玫瑰花的烷烃含量和酯类含量有明显差异。烷

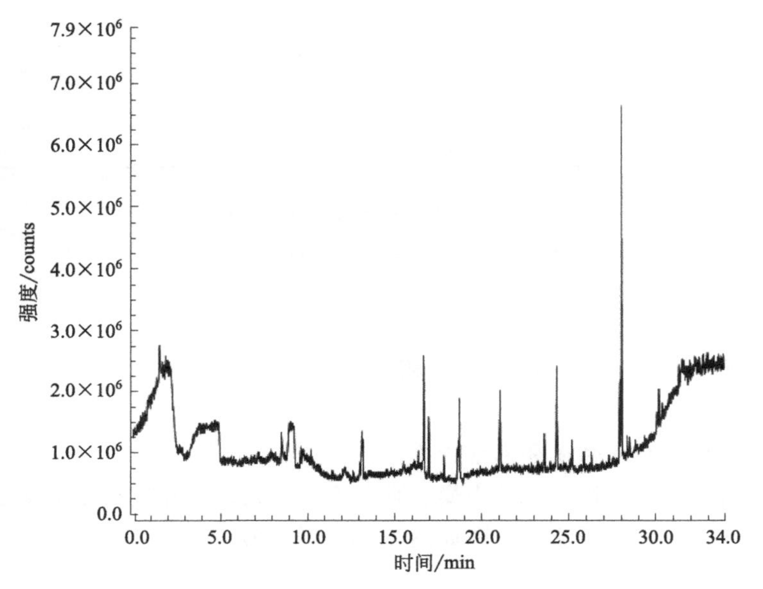

图 4-19　热风干燥玫瑰花瓣中挥发性成分的总离子流色谱图

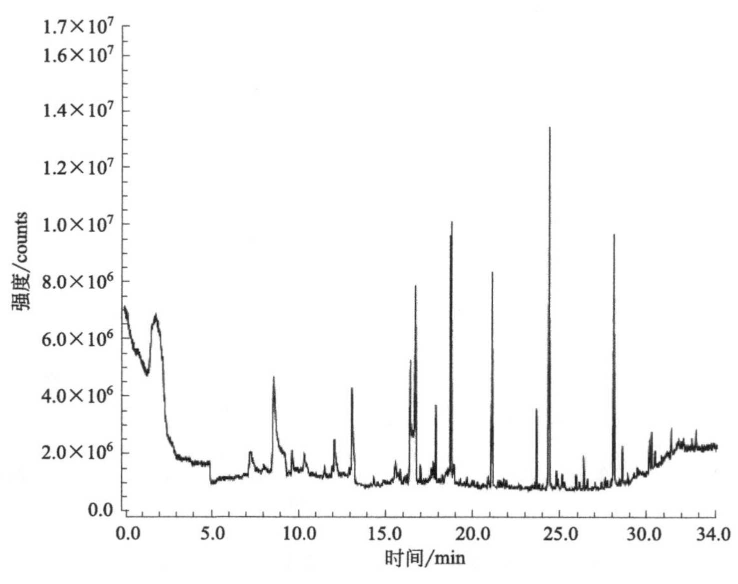

图 4-20　红外干燥玫瑰花瓣中挥发性成分的总离子流色谱图

烃类化合物在玫瑰香气中起定香作用，干燥后烷烃含量均增加，红外干燥后的烷烃含量为 68.93%，增加了 69.72%；真空冷冻干燥和红外喷动床干燥后的烷烃含量为 59.35%、55.39%，分别增加了 69.72%、58.39%。酯类可以增

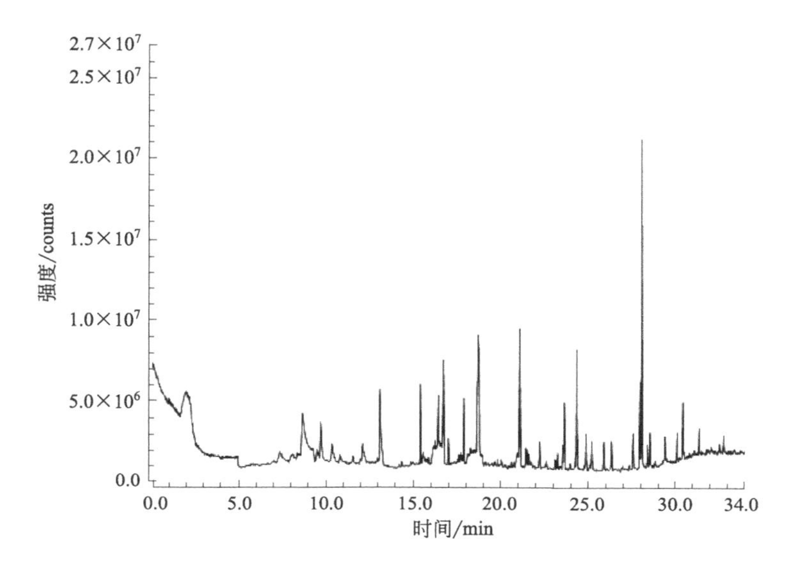

图 4-21 真空冷冻干燥玫瑰花瓣中挥发性成分的总离子流色谱图

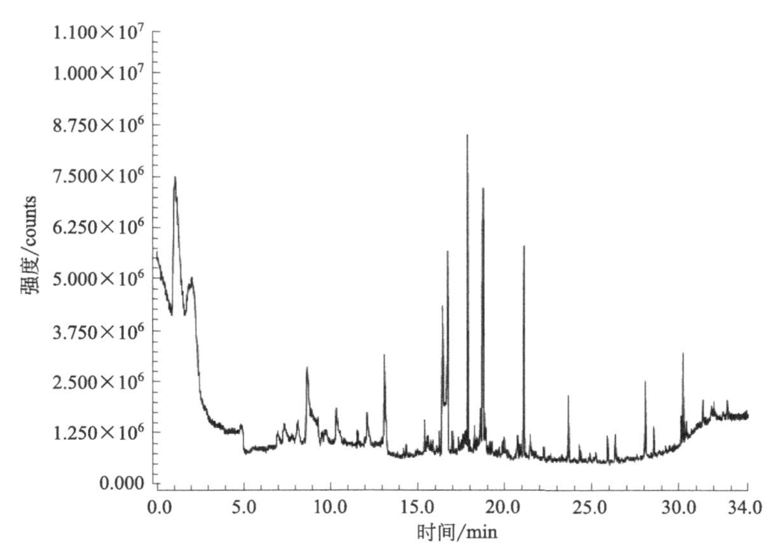

图 4-22 红外喷动床干燥玫瑰花瓣中挥发性成分的总离子流色谱图

强玫瑰的香甜气味，使之充实并有厚实的底蕴。新鲜玫瑰花瓣中，酯类物质相对含量最高，干燥后酯类物质含量均显著降低，红外干燥和红外喷动床干燥分别降低了 98.79%、97.38%。萜烯含量干燥后分别降低 44.60%、51.92%、64.43%、31.12%。Ulusoy 等发现醇类化合物是玫瑰花香气的基本成分，是影响玫瑰香气浓郁程度的关键成分。但新鲜玫瑰花瓣和热风、红外、真空冷冻干燥实验后未检测到该物质，仅红外喷动床干燥检测到，与文献中描述的有很大差异。这可能是由于在长时间干燥过程中香气成分的挥发程度不同，醇类物质是干燥和储存过程中损失较大的香气成分。红外干燥、真空冷冻干燥、红外喷动床干燥后检测出了醛类物质，红外干燥和红外喷动床干燥后检测出了酚类物质。综合分析，红外喷动床干燥后的挥发性成分更丰富，香气更为复杂浓郁。

表 4-11　不同干燥方式下玫瑰花挥发性成分及其相对含量的分类统计

类别	挥发性成分相对含量					挥发性成分种类				
	新鲜	热风干燥	红外干燥	真空冷冻干燥	红外喷动床干燥	新鲜	热风干燥	红外干燥	真空冷冻干燥	红外喷动床干燥
烷烃	34.97	39.99	68.93	59.35	55.39	8	8	8	10	9
酯	39.74	27.68	0.48	19.36	1.04	3	1	1	9	2
醛	—	—	4.27	3.11	25.28	—	—	2	1	3
萜烯	14.62	8.1	7.03	5.2	10.07	1	1	2	2	3
酚	—	—	0.79	—	0.44	—	—	1	—	1
醇	—	—	—	—	1.04	—	—	—	—	2

注：“—”表示未检出。

如表 4-12 所示，在所有烷烃中，八甲基环四硅氧烷、十甲基环五硅氧烷、十二甲基环六硅氧烷含量较高，已广泛用于食品、化妆品中。柠檬醛具有浓烈的柠檬香气，新鲜玫瑰花瓣中柠檬醛含量为 14.62%，不同的干燥过程中柠檬醛含量分别降低，真空冷冻干燥后柠檬醛的含量最低，热风干燥和红外喷动床干燥可以较好地保持玫瑰花的香气。苯乙醇、1-己醇和壬醛是红外喷动床干燥过程中特有的香气成分。苯乙醇具有清甜的玫瑰花香，是构成玫瑰体香及尾香的物质之一，1-己醇存在于柑橘类、浆果等中，广泛用于香精的制作。壬醛具有强烈的花香气息，已用于多种香型食品添加剂的制作当中。因此，选用红外喷动床干燥技术干燥后的玫瑰花香气更为浓郁。

表 4-12　不同干燥方式下玫瑰花主要挥发性成分相对含量

类别	成分	挥发性成分相对含量				
		新鲜	热风干燥	红外干燥	真空冷冻干燥	红外喷动床干燥
烷烃	八甲基环四硅氧烷	3.46	4.04	18.47	5.91	5.78

续表

类别	成分	挥发性成分相对含量				
		新鲜	热风干燥	红外干燥	真空冷冻干燥	红外喷动床干燥
烷烃	十甲基环五硅氧烷	3	8.3	7.22	7.56	7.4
烷烃	十二甲基环六硅氧烷	3.54	7.43	16.2	8.15	13.29
萜烯	柠檬醛	14.62	8.1	3.03	2.6	3.57
醇	苯乙醇	—	—	—	—	0.78
醇	1-己醇	—	—	—	—	0.26
醛	苯甲醛	—	—	2.92	0.29	1.32
醛	苯乙醛	—	—	1.35	3.11	3
醛	壬醛	—	—	—	—	20.96

注："—"表示未检出。

4.5.6　小结

通过以上比较，发现不同干燥方式的玫瑰干制品品质特性存在明显差异。红外喷动床干燥产品的品质虽然略低于真空冷冻干燥，但比热风干燥和红外干燥能得到更好的干制品。相比而言，红外喷动床干燥工艺的运行成本远远低于真空冷冻干燥，降低了水分含量分布的不均匀性，有利于改善干燥过程中温度分布的均匀性，提高了干燥均匀性，是一种很好的玫瑰花瓣处理方法。

采用顶空固相微萃取（HS-SPME）结合气相色谱-质谱（GC-MS）分析了新鲜样品和使用不同干燥方法干燥的玫瑰的挥发性成分，包括烷烃、酯、醛、萜烯、酚、醇类。新鲜及热风、红外、真空冷冻和红外喷动床干燥分别检测出 12、10、14、22 和 20 种挥发性成分。苯乙醇、1-己醇和壬醛是红外喷动床干燥过程中特有的香气成分。综合分析，红外喷动床干燥后的挥发性成分更丰富，香气更为复杂浓郁。

参考文献

[1]　项丽玲，冯煜，苗明三，等．玫瑰总黄酮对小鼠局灶性脑缺血模型的影响[J]. 中国现代应用药学，2018，35(01)：76-79.

[2]　帕尔哈提·柔孜，阿依姑丽·艾合麦提，朱昆，等．玫瑰花瓣总黄酮和总多糖的体外抗氧化活

性[J]. 食品科学，2013，34（11）：138-141.

[3] LIU L，TANG D，ZHAO H Q，et al. Hypoglycemic effect of the polyphenols rich extract from Rose rugosa Thunb on high fat diet and STZ induced diabetic rats[J]. Journal of Ethnopharmacology，2017，200.

[4] 孙守家，赵兰勇，仇兰芬，等．干藏条件下低温对平阴玫瑰花蕾的影响[J]. 山东林业科技，2003（1）：1-4.

[5] HUANG J，ZHANG M，ADHIKARI B，et al. Effect of microwave air spouted drying arranged in two and three-stages on the drying uniformity and quality of dehydrated carrot cubes[J]. Journal of Food Engineering，2016，177：80-89.

[6] 苏红霞，王燕，张敬，等．食用玫瑰鲜花处理工艺技术的研究[J]. 中国酿造，2012（02）：166-170.

[7] 陈杨华，徐珩，廖玉璠，等．玫瑰花热风干燥实验及模型研究[J]. 热科学与技术，2017（2）：132-136.

[8] MORRIS S E. DAVIES N W，BROWN P H，et al. Effect of drying conditions on pyrethrins content[J]. Industrial Crops and Products，2006，23（1）：9-14.

[9] 宋春芳，覃永红，周黎，等．不同干燥方法对玫瑰花瓣质量的影响[J]. 东北林业大学学报，2011，39（3）：41-43.

[10] 宋春芳，覃永红，陈希，等．玫瑰花的微波真空干燥试验[J]. 农业工程学报，2011，27（4）：389-392.

[11] 王海鸥，扶庆权，陈守江，等．不同护色预处理对牛蒡片真空冷冻干燥特性的影响[J]. 食品科学，2017，38（01）：86-91.

[12] CHEN W，GAST K L B，SMITHEY S，et al. The effects of different freeze drying processes on the moisture content，color and physical strength of roses and carnations[J]. Scientia Horticulturae，2000，84（3/4）：321-332.

[13] 苗潇潇，李美萍，李平，等．HS-SPME-GC-O-MS 分析玫瑰花露中的易挥发性成分[J]. 食品科学，2016，37（12）：156-162.

[14] 马立，段续，任广跃，等．红外-喷动床联合干燥设备研制与分析[J]. 食品与机械，2021，03（22）：1-11.

[15] 代建武，杨升霖，XIE Y C，等．旋转托盘式微波真空干燥机设计与试验[J]. 农业机械学报，2020，51（05）：370-376.

[16] 王海鸥，胡志超，屠康，等．微波施加方式对微波冷冻干燥均匀性的影响试验[J]. 农业机械学报，2011，42（05）：131-135，170.

[17] KAY K H，ZHANG M，SAKAMON D，et al. Influence of novel infrared freeze drying of rose flavored yogurt melts on their physicochemical properties，bioactive compounds and energy consumption[J]. Food and Bioprocess Technology：An International Journal，2019，12（12）.

[18] ULUSOY S，BOSGELMEZ-TINAZ G，SECILMIS-CANBAY H，et al. Tocopherol，carotene，phe-nolic contents and antibacterial properties of rose essential oil，hydrosol and abso-lute[J]. Current Microbiol，2009（59）：554-558.

第5章

红外喷动床干燥带壳鲜花生

5.1　中国花生产业现状概述

花生（*Arachis hypogaea L.*）又名金果、长寿果，具有很高的营养价值，内含丰富的脂肪和蛋白质，可以与鸡蛋、牛奶、肉类等动物性食物媲美，并含有维生素 B_2、A、D、E，硫胺素、核黄素、尼克酸等多种维生素。花生中的人体必需氨基酸有促进脑细胞发育，增强记忆的功能。此外，花生还是 100 多种食品的重要原料，它除可以榨油外，还可以炒、炸、煮食，制成花生酥以及各种糖果、糕点等。此外，花生的叶子、花生衣、花生壳、花生油等，都可以作为药用。

花生是我国产量丰富、食用广泛的一种坚果，其从果实到植株都能被利用，从而形成一条完整的产业链。面对巨大的市场，花生在中国各地都有种植，从而确保了花生的产量。中国花生种植分布范围虽然广泛，但由于其生长发育需要一定的温度、水分和适宜的生育期，因此生产布局又相对集中，中国花生主要种植在河南、山东及广东等地区。2019 年河南花生种植面积为 1223.11 千公顷，山东花生种植面积为 666.49 千公顷，广东花生种植面积为 340.51 千公顷。近 20 年来，中国和世界花生生产有了较大发展，花生的单位面积产量、总产量、贸易量增长显著，花生生产与贸易格局发生了较大变化。中国花生种植面积迅速扩大，在单产和总产大幅度提高的同时，中国花生科学研究方面取得很大进步，育成一批高产、优质、适应性广的优良品种，并示范推广了配套高产栽培技术。2019 年中国花生播种面积为 4633.5 千公顷，较 2018 年增加了 13.8 千公顷；2019 年中国花生产量为 1752 万吨，较 2018 年的 1733.2 万吨同比增长 1.08%。2020 年中国花生种植面积约为 5138.6 千公顷，同比增长 10.9%；花生产量约 1986.8 万吨，同比增长 13.4%。2013—2020 年中国花生种植面积与产量见图 5-1。

花生是中国主要的油料和经济作物，也是传统的出口创汇产品。随着

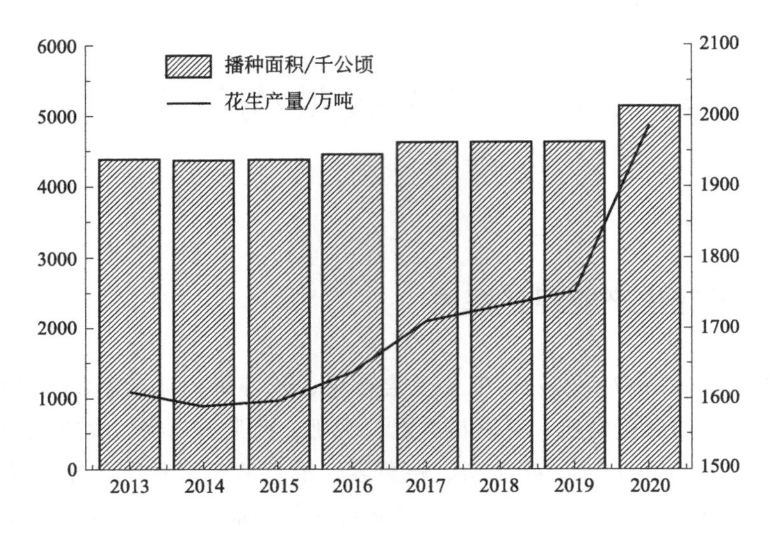

图 5-1 2013—2020 年中国花生种植面积与产量

资料来源：国家统计局

人们生活水平的提高，国内外消费者对花生品质和安全性的要求越来越高，品质问题已成为影响花生产品竞争力的主要因素，提高花生品质迫在眉睫。

5.2 花生加工现状概述

花生营养丰富，无论是生食、熟食还是加工后食用，味道都十分鲜美。花生中含有 25%～35%的蛋白，主要有水溶性蛋白和盐溶性蛋白。水溶性蛋白又称为乳清蛋白，占花生蛋白的 10%左右，盐溶性蛋白占花生蛋白的 90%。在近几年花生加工品中，可以看出近几年初榨花生油进口相对其他花生加工品数量较多，其中 2020 年中国初榨花生油进口数量达 269284.2 吨，同比增长 38.5%。中国为加工大国之一，2020 年中国花生酱出口数量为 254702.2 吨，同比增长 5.5%；烘焙花生出口数量为 169886.3 吨，同比下降 20.6%；花生米罐头出口数量为 2469.5 吨，同比增长 3.9%；初榨花生油出口数量为 546.7 吨，同比增长 21.6%。2015—2020 年中国进出口花生产品量见表 5-1。

表 5-1　2015—2020 年中国进出口花生产品量　单位：t

年	花生酱		烘焙花生		花生米罐头		初榨花生油	
	进口	出口	进口	出口	进口	出口	进口	出口
2015	269	21587	833	189826	1084	2136	125815	835
2016	287	20630	801	200708	1595	2620	106732	609
2017	370	23480	745	277796	1019	2357	198029	465
2018	439	23873	548	243760	929	2448	128217	391
2019	539	24068	677	214049	643	2376	194396	449
2020	735	25402	430	169886	450	2469	269284	546

注：资料来源：中国海关。

除了用于进出口市场，花生在国内的加工主要分为花生初级加工、花生精加工和花生副产品加工。花生初级加工包括：对花生仁和花生全果进行加工，加工得到的产品有干、鲜花生果，多味花生果，油炸花生仁，休闲花生食品(鱼皮花生、蜂蜜花生、麻辣花生、五香花生)，花生酱，花生粉。花生精加工包括：对花生仁进行加工，加工得到的产品有花生油、花生分离蛋白、花生糖果、花生牛奶或复合蛋白饮料和花生酥等焙烤食品。花生副产品加工包括：对花生壳、花生红衣和花生茎叶进行加工，加工得到的产品有花生壳综合加工产品、花生红衣综合加工产品和花生茎叶综合加工产品。

面对数量如此巨大的花生加工市场，花生产量必须得到保证，同时，在花生产量的保证下，后续花生的处理也要跟得上大量花生处理的脚步。花生收获季节较集中，大都在高温多雨季节，并且新鲜花生水分含量高，收获后不及时对其进行脱水处理就会造成花生产量的减少。因此，在花生加工产业中，脱水作业已成为工业上花生深加工的重要单元。

5.3　现阶段花生干燥方法概述

晒干是花生最传统、最常用的脱水方法。但这种干燥方式受天气因素限制，产品质量低下，不符合当前消费者对优质脱水产品的需求。针对新鲜花生来说，目前主要的干燥方法有自然晾晒、热风干燥、热泵干燥和微波干燥，由于接触方式、热量来源和干燥环境等条件不一，因此干燥特性也不同。渠琛玲等对花生进行常温通风干燥，结果表明常温通风干燥在阴雨天气下也能有效降低湿花生水分，同时保证了花生的质量。宋晓峰等采用自然晾晒的方式对选取的 6 个花生品种进行干燥处理，结果表明在晾晒过程中，不同品种花生壳、籽仁干燥速度不同；籽仁干燥速度最快的品种含水量降低至安全含水量比最慢的快 2 天。杨潇使用新鲜花生为试验材料，进行热风干燥工艺研究，得到热风干燥最优组合参数，为新鲜花生热风干燥提供了理论依据。林子木等采用热风干燥研究了不同干燥温度以及干燥风速对花生的影响，结果表明干燥温度、干燥风速越高，花生干燥速率越快，干燥用时越短；干燥温度对花生干燥的影响大于干燥风速的影响。王安建等研究了在恒定风速、不同干燥温度下热泵干燥对花生干燥特性的影响，研究发现花生热泵干燥前期，干燥速率较大，随着干基含水率的降低，花生干燥进入降速阶段，整个干燥过程无明显的恒速干燥阶段。卢映洁采用热泵干燥对带壳鲜花生的水分变化和品质变化进行研究，发现在热泵干燥过程中，花生水分变化更为缓慢，对花生微观结构的破坏更小。陈霖采用自制控温微波干燥设备系统，研究常规微波干燥和控温微波干燥条件下花生品质的区别，结果表明，控温微波干燥在功率 1.2W/g、温度 45～50℃时能够最大限度地保证花生干燥后的品质。

随着干燥技术的不断进步，越来越多的新技术被应用到花生的干燥中，例如：冷冻干燥、射频干燥、喷动床干燥等。其中喷动床相较传统干燥设备而言，具有流变型简单、操作便捷、干燥均匀性高、结构简单等优势。喷动床干燥可以在物料颗粒干燥过程中提供气动搅拌，这种搅动通过在颗粒表面重建边界层来促进热量传递，同时使物料在床体内做喷泉式往复运动，实现了物料与热空气在床体内有规律地间歇接触。红外辐射具有热效应好、节能等优点，已被广泛用于粮油、果蔬等农产品的干燥。本研究基于红外辐射与喷动床相结合设计而成的设备，两者的结合，使得整个系统的能源效率大大提高。段续等采用红外喷动床对玫瑰花瓣进行干燥试验，研究了不同出风温度和风速下玫瑰花瓣的干燥特性并建立干燥动力学模型，为红外喷动床干燥的研究与应用提供了参考。Alizehi 等采用红外辐射和喷动床联合干燥胡萝卜，使得胡萝卜具有比使用普通干燥方法更好的感官特性，热空气和红外辐射的结合产生了协同效应，产生比单独红外干燥或对流更有效的干燥。Li 等人报道了红外辅助喷射床干燥的较高干燥温度和气流速度有利于缩短干燥时间，干燥条件对干燥山药的多糖、产量、颜色、感官质量和储存稳定性有很大影响。富含益生菌的山药的最佳干燥条件是干燥温度为 40℃，气流速度为 22m/s。Manshadi 等人研究了红外线辅助喷射床干燥对亚麻籽的影响，特别是对通过不同方法提取的亚麻籽油的质量特征的影响。结果表明，在 IR 存在的情况下增加空气温度会增加干燥速率。在相同温度下，IR-SBD 样品的过氧化值（PV）高于喷射床干燥（SBD)。此外，IR 处理并未显著改变亚麻籽油中的脂肪酸组成。

远红外辐射喷动床用于带壳鲜花生干燥有以下优点：①带壳鲜花生在干燥

床内处于循环运动，物料温度均匀性好；②带壳鲜花生在喷动区被气流吹起，花生壳表面难以形成阻碍蒸发的致密水分薄膜；③喷动床内物料运动较普通流化床简单、有规律、更便于加工控制；④喷动床结构简单，生产成本低且便于维护；⑤带壳鲜花生在喷动床中做有规律的运动，喷动使花生壳产生机械损伤，生成裂缝，打破花生壳造成的密封环境，加速花生仁的干燥，同时又保护了花生仁。

目前，热风干燥、热泵干燥对花生的影响已有较多研究，但红外喷动床对带壳鲜花生的研究还鲜有研究报道。因此，在自行研制的红外喷动床干燥设备基础上，利用扫描电子显微镜和质构仪等仪器手段系统研究红外喷动床对带壳鲜花生干燥特性的影响，以期为带壳鲜花生收获后的贮藏、加工等提供数据参考，为带壳鲜花生机械化干燥提供技术支撑。

5.4 带壳鲜花生红外喷动床干燥

5.4.1 试验方法

5.4.1.1 材料与方法

新鲜带壳花生：海花一号，产自河南省郑州市。

正己烷：江苏强盛功能化学股份有限公司生产，在孔隙率测定试验中使用。

仪器与设备：A.2003N型电子天平，上海佑科仪器仪表有限公司；TM3030plus SEM，日本日立高新技术公司；TA.XT Express食品物性分析仪，英国Stable Micro Systems公司；D-110型色差仪，爱色丽色彩技术有限公司；TSQ 9000型气相色谱-质谱联用仪，美国赛默飞世尔科技公司；A300型氨基酸全自动分析仪，德国MembraPure公司。

5.4.1.2 试验处理

原料预处理：试验开始前，挑选大小均匀颗粒饱满的花生，清除泥沙并放置于网筛中30min，用自封袋封装并放置于4℃冰箱中保存备用。根据GB 5009.3—2016《食品安全国家标准食品中水分的测定》，测得本试验带壳鲜花生的初始干基含水率为1.163g/g。

(1) 红外喷动床干燥试验

将封存于冰箱中的带壳鲜花生取出，恢复至室温，取1kg花生放入红外-

喷动床中，同时加入 2kg 辅料青豆，使花生可以获得更好的喷动效果。喷动床进口风速通过调节变频器的频率改变，设置变频器的频率为 28.6Hz，出风温度 70℃。将花生放入，每隔 30min 从喷动床中选取做好标记的 20 粒花生快速称量后放回，得到的数据记录留用。待花生干燥至安全水分（干基含水率不大于 0.1g/g）时停止试验。

带壳鲜花生的干基水分含量 [X/(g/g)] 按式(5-1) 计算。

$$X=\frac{m_t-m}{m} \tag{5-1}$$

式中，m_t 为 t 时刻物料的质量，g；m 为物料绝干（质量不再变化）时的质量，g。

干燥过程中的干燥速率 {U/[g/(g·h)]} 按式(5-2) 计算。

$$U=\frac{X_t-X_{t+\Delta t}}{\Delta t} \tag{5-2}$$

式中，X_t 为 t 时刻干基水分含量，g/g；$X_{t+\Delta t}$ 为 $t+\Delta t$ 时刻干基水分含量，g/g。

(2) 红外干燥试验

采用实验室自制的红外辐射干燥设备。将封存于冰箱中的带壳鲜花生取出，恢复至室温，取 500g 花生放到载物盘上，远红外辐射干燥箱参数设定参照刘云宏等的研究进行修改，辐射距离 10cm，辐射板温度 70℃。每隔 30min 从干燥箱中取样，快速测量质量后放回，得到的数据记录留用。

(3) 红外-热风干燥试验

采用实验室自制的红外-喷动设备，调整风速，并用网格制作支架，取 500g 花生平铺于网状托盘上，设定风速为 1m/s，温度为 70℃。每隔 30min 从设备中取出，快速称量后放回，记录数据留用。

(4) 热风干燥试验

将带壳鲜花生恢复至室温，取 500g 铺于带网孔托盘（25cm×25cm，筛孔直径为 0.5cm）内，设定电热鼓风干燥箱风速为 1m/s，温度为 70℃。每隔 30min 从干燥箱中取出，快速称量后放回，记录数据留用。

以上每组试验均重复 3 次。

5.4.1.3 SEM 观察微观结构

使用扫描电子显微镜（TM3030，日立公司）观察不同干燥条件下花生仁和壳的微观结构。使用锋利的刀片从干燥的花生仁和壳上切下尺寸为 5mm×5mm×1mm 的小块，用导电胶带固定在铝棒上，并立即用金溅射 10nm。

SEM观察是在200倍的放大倍数下进行的。

5.4.1.4 硬度测定

通过使用食品物理性质分析仪（TA.XT Express，Stable Micro Systems公司）测量干燥过程中花生仁和花生壳的硬度变化。使用圆柱探针（直径：2mm），在单独安装在平台上的单个花生上进行单轴穿刺测试。测试时，将样品水平放置在探头下方，沿样品最丰满的部分从左到右进行3次测量，两个测量点之间的距离为0.5mm。测试一直持续到被检查的样品被破坏并且直到最大压缩力的数值被确定。单个花生的质地参数表示为硬度（最高峰值压缩力，N）。探头类型为P/2mm，为直径2mm的圆柱形不锈钢探头。试验前速率、试验速率、试验后速率、压缩程度和触发应力分别设置为0.8mm/s、0.5mm/s、0.8mm/s、40%和10g。每个测试点重复3次。

5.4.1.5 孔隙率测定

孔隙率是自然状态下松散材料的孔隙体积与总体积之比。花生孔隙率由花生的真实密度和堆积密度值确定。花生及其仁的真实密度定义为花生样品及其仁的质量与样品所占的固体体积之比。花生及其仁的体积和真实密度使用液体置换法测定。使用甲苯（C7H8）而不是水，因为它被花生吸收，并在较小程度上被花生仁吸收。甲苯的表面张力很低，所以它甚至可以填充花生及其仁的浅浸，它们的溶解能力也很低。花生的堆积密度由装在圆柱形容器中的花生的重量与容器体积的比值确定。

5.4.1.6 试验过程中能耗测定

在干燥过程中，使用了四种不同的干燥机，分别配备了专用电表（DDS825，上海人民仪器有限公司），记录了测量前后的仪表读数，并将两者读数相减以获得整个设备在干燥过程中消耗的电能。因此，可以通过电力消耗来观察测试中的能源消耗。

5.4.1.7 数据处理与分析

所有测量至少一式三份进行，结果通过它们的平均值和代表标准误差的误差棒（根据标准偏差和95%置信区间计算）在图中呈现。使用SPSS软件（18.0版）进行统计分析。产品质量属性之间的显著差异在显示结果的条形图中用小写字母a～c表示。这是通过单向方差分析（ANOVA）获得的，在 p

<0.05 水平上具有显著性。采用 Origin 8.5 统计软件进行数据分析处理。

5.4.2 带壳鲜花生红外喷动床干燥品质研究

5.4.2.1 红外喷动床对带壳鲜花生干燥时间与干燥速率的影响

从图 5-2(a) 可知，带壳鲜花生的干基含水量随着干燥的进行不断减小。在热风干燥、红外干燥、红外-热风干燥和红外喷动床干燥的处理下，干燥到花生的安全水分含量（干基水分含量 0.1g/g）以内所需的时间分别为 10h、9h、7h、6h，与热风、红外和红外-热风相比，红外喷动床脱水时间分别缩短了 40%、33%和 14%。随着干燥方法的改变，干燥曲线逐渐变陡，红外喷动床干燥明显陡于另外三种干燥方法。一方面，花生的初始含水量较高，干燥初期水分含量变化比较明显；另一方面，在带壳鲜花生中，花生仁的含水率远大于花生壳的含水率，形成内高外低的含水率梯度，在温度梯度和含水率梯度的共同作用下促使花生失水。在红外喷动床干燥中，喷动床系统能够在物料颗粒进行干燥的过程中提供气动搅拌，这种搅拌不仅通过在颗粒表面重建边界层来促进传质和传热，而且通过缩短干燥时间来提高整个系统的能量利用率。此外，它还可以通过热气和固体颗粒之间的紧密接触来提高产品的均匀性和质量。

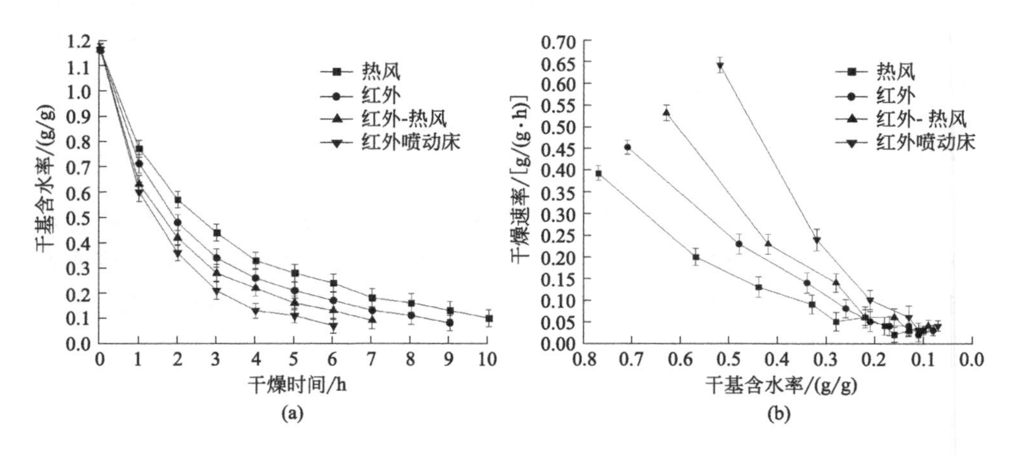

图 5-2 带壳鲜花生 4 种干燥方式下的干燥曲线（a）及干燥速率曲线（b）

从图 5-2(b) 可以看出，随着干燥方法的改变，干燥速率在不断变大。在干燥过程中还具有明显的降速阶段，说明在带壳鲜花生的干燥中，水分扩散是由内部扩散控制的，而内部扩散阻力决定了传质过程的速率。干燥初期，干燥速率下降趋势明显，表明在干燥方法的影响下，带壳鲜花生的水分快速脱去，此时，干燥方法是影响干燥速率的主要因素。在进入干燥后期时，干燥速率逐渐变得缓慢，一方面，随着干燥的进行，带壳鲜花生的水分含量逐渐降低，花生内外温度相对稳定，导致干燥过程变得缓慢；另一方面，水分迁移还受到物料自身体积、孔隙变化等多方面的影响，而带壳鲜花生由壳与仁两部分组成，随着干燥时间变长，花生仁与花生壳之间的空隙变大，形成空气隔层，对花生仁的传质和传热形成阻碍，阻止水分的散失，不利于干燥的进行。

5.4.2.2 红外喷动床对带壳鲜花生微观结构的影响

从图5-3(a) 可以看出，在干燥初期，花生仁的细胞结构完整，孔径较大，细胞边界清晰，规则排列。随着干燥的进行，花生仁的细胞孔径逐渐减小，花生仁的结构更加紧密。当干基水分含量为0.4g/g时，花生仁的网状结构开始出现变形，且表面出现凹凸不平的颗粒状结构；进入干燥后期，花生仁的网状结构变形严重，颗粒状结构越发突出。结合干燥曲线图5-2(a) 分析可知，花生仁细胞结构的变化与水分含量关系密切，并实时影响着花生仁的干燥进程。由于干燥过程中花生仁的组织结构不断收缩，网状细胞结构逐渐发生形变，增加水分扩散阻力，不利于水分散失。在干基水分含量为0.3g/g时，红外和红外-热风干燥下的花生仁网状结构已全部变形，进一步验证了红外干燥是从物料内部到外部，而红外喷动床干燥下花生仁网状结构还存在，说明红外喷动床可以克服红外干燥的缺点，提高干燥的均匀性。

由图5-3 (b) 可知，在干基水分含量为0.6g/g时，花生壳的结构松散。随着干燥的进行，花生壳的结构逐渐收缩，微观结构越发致密，从而导致花生壳的水分不易扩散，影响干燥效率。对比不同干燥方式下相同干基水分含量的花生壳结构，发现红外喷动床使得花生壳在干燥后期产生肉眼可见的孔隙。由于红外喷动床在干燥后期使花生壳产生孔隙，不仅提高了带壳花生的干燥速率，还增加了带壳花生的孔隙率。这可能是因为花生壳本身对花生仁就有一定的保护作用，带壳花生进行干燥，花生仁的失水速率显著大于壳的失水速率，壳与仁产生一层空隙，该空隙可以起到保温层的作用，阻止了水分的迁移。然而，红外喷动床干燥下花生壳产生的孔隙起到桥梁的作用，破坏了该空隙的完整性，使得花生仁可间接认为是直接与外界接触，因此红外喷动床对带壳鲜花生干燥速率的提升有显著作用。

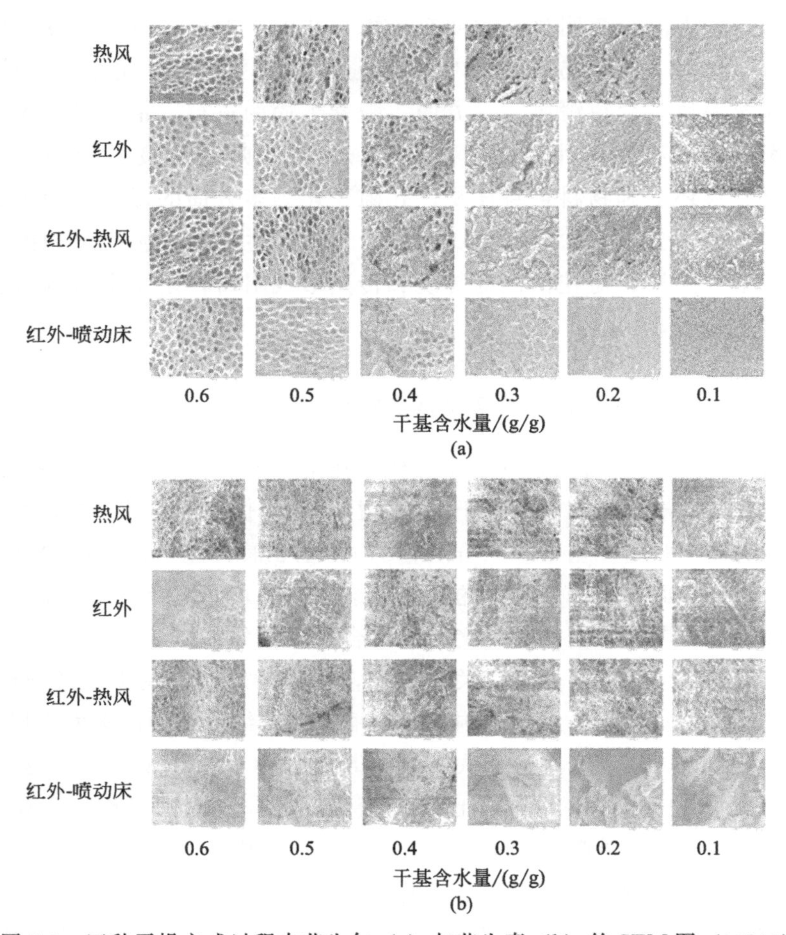

图 5-3 四种干燥方式过程中花生仁（a）与花生壳（b）的 SEM 图（×200）

5.4.2.3 红外喷动床对带壳鲜花生硬度的影响

由图 5-4(a) 可以看出，带壳鲜花生在不同干燥方式过程中，花生仁的硬度随着干基水分含量的降低呈现增大—减小—增大的趋势，使用红外喷动床干燥处理的花生仁硬度明显大于使用其它干燥方式处理的花生仁。由图 5-4(b) 可知，在干燥开始阶段，红外喷动床条件下带壳鲜花生的干燥速率最大，失水最快，因此，硬度变化最快。随着干燥的进行，在干燥初期，花生仁的孔径虽然变小，但水分扩散良好，花生仁的水分含量减少，硬度增大。在干燥中期，花生仁网状结构变形，水分扩散通道被阻挡，同时，花生壳还具有一定的保护作用，使花生内部形成一个高温潮湿的环境，花生仁在该环境中开始变软，硬度降低，韧性增加。在硬度降低阶段，单一红外加热方式下花生仁的硬度降低幅度最大，这可能是由于红外加热以辐射方式传递热量，当红外辐射线到达物料表面时，会穿透表面进入物料1～3mm，辐射能转化为热能，使物料内部受热温度提高，加快花生仁水分向外部迁移，但由于花生壳的保护作用，阻止了花生仁表面水分向外扩散，造成此时韧性增大，硬度陡然减小。随着干燥的进行，持续的高温环境使花生周围的湿度越来越小，花生仁的硬度又逐渐上升，直到干燥终点。

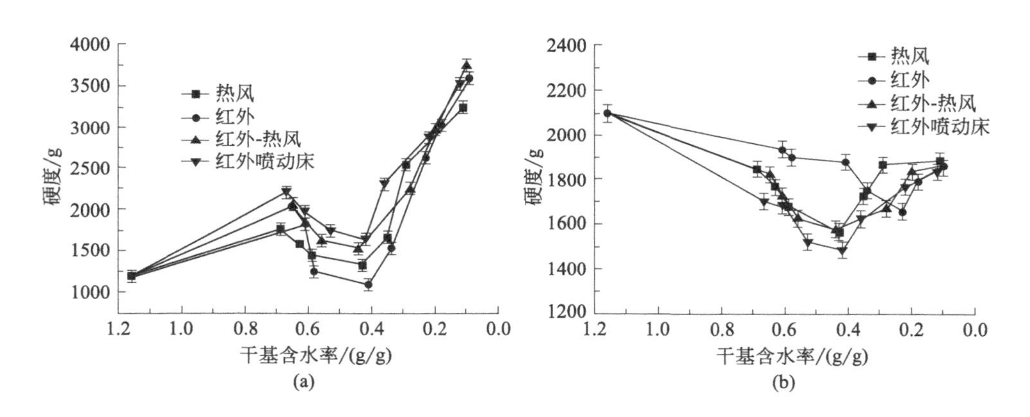

图5-4　四种干燥方式过程中花生仁（a）与花生壳（b）的硬度变化

由图5-4(b)可以看出，在带壳鲜花生的干燥过程中，花生壳的硬度先降低后升高，且鲜花生壳的硬度最大。可能是因为鲜花生壳水分含量较高，干燥使得水分减少，韧性增加，所以硬度减小。干燥初期，红外喷动床干燥的花生壳硬度的减小值最大，红外干燥的花生壳硬度减小值最小。在干燥后期，花生壳的密度增大，硬度又逐渐增大。在干燥终点时，红外喷动床花生壳硬度最小，这可能是由于只有在红外喷动床中，花生处于一个动态的过程，在喷动中，花生壳由高处跌落，壳壁撞击床体，产生孔隙，由图5-3(b)可以看出此时花生壳产生大量孔隙，使得此时花生壳硬度小于其它干燥方式下的花生壳。

在干燥到终点时，4种干燥方式下花生壳硬度差别不大，但花生仁的硬度差别较为明显，这也从侧面反映出花生壳在干燥后期几乎接近绝干，失水主要来自花生仁。

5.4.2.4 红外喷动床对带壳鲜花生孔隙率的影响

从图 5-5(a) 可以看出，在热风、红外、红外-热风和红外喷动床干燥中，在干基含水率为 0.1g/g 的条件下，花生仁的孔隙率分别为 61.89%、68.93%、68.85%和 71.14%。花生仁的孔隙率随着干基水分含量的降低而增加。红外喷动床干燥后的花生仁孔隙率最大，热风最小，这可能是由于在热风条件下，物料受到的热量是由外到内，并且物料处于一种静态的干燥过程；而在红外喷动床条件下，由于红外辐射加热的特点，物料受到的热量是由内到外，且物料处于一种上下翻滚状态，壳和仁相互撞击摩擦，产生一定的内能，使得花生仁的孔隙率增大。在干燥过程中，带壳鲜花生的水分逐渐散失，水分的散失使得花生仁的细胞进入脱水状态，结合图 5-3(a) 分析可知，花生仁网状结构变形，孔隙增多，以致孔隙率持续上升，但呈现出先快后慢的趋势。在干燥初期，热风条件下花生仁的孔隙率变化缓慢，较其它条件下孔隙率变化小，这也证明了初期热风干燥主要的对象是花生壳，而其它方式干燥对象是花生仁；随着干燥的进行，花生仁孔隙率曲线变陡，说明在干燥中期，花生仁开始大量失水，孔隙率变化较快；干燥后期，孔隙率曲线趋于平稳，变化幅度减小，说明干燥后期花生仁干基含水率对孔隙率的影响逐渐减小。

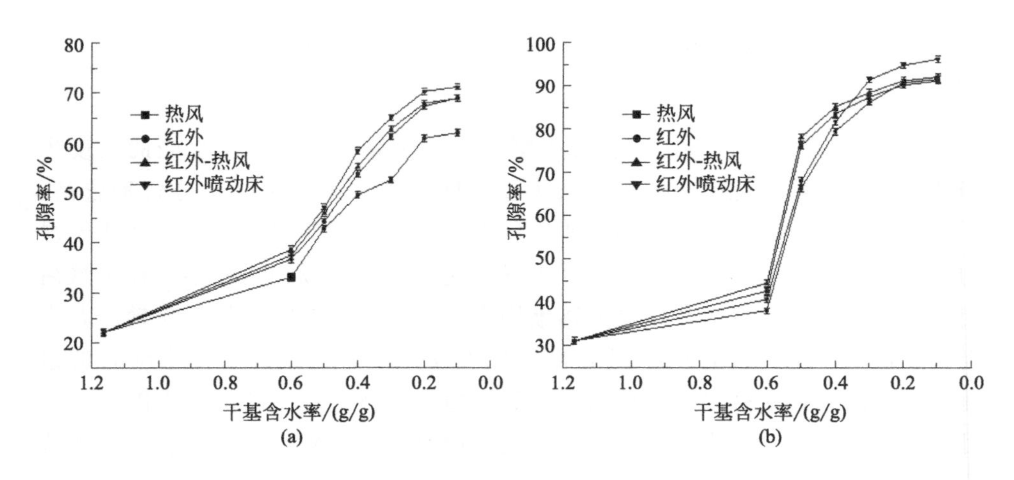

图 5-5 四种干燥方式过程中花生仁 (a) 与花生壳 (b) 的孔隙率变化

由图 5-5(b) 可知，在热风、红外、红外-热风和红外喷动床干燥中，在干基含水率为 0.1g/g 的条件下，花生壳的孔隙率分别为 91.15%、93.28%、

93.48%和96.29%。随着干燥时间的延长，花生壳的孔隙率逐渐增大，且红外喷动床干燥后的花生壳孔隙率最大。这可能是因为在红外喷动床中，由于喷动床的特性，使得带壳花生在床体内进行喷泉式的往复运动，致使花生壳在干基含水率在0.3g/g时开始出现肉眼可见的孔隙，大大增加了此时花生壳的孔隙率；进入干燥中期，花生壳孔隙率随着干基水分含量的变化快速增加，说明花生壳处于常规收缩阶段，失去的水分体积等于收缩体积。随着时间的推移，花生壳内部孔隙网状结构变得密致，花生壳的孔隙率逐渐增大，但此时疏水通路变窄使得水分迁移受阻，导致干燥速率下降。在干燥后期，热风干燥、红外干燥和红外-热风干燥花生壳的孔隙率变化缓慢；红外喷动床干燥中，花生壳的孔隙率还在变化，结合图5-3(b)可知，此时孔隙率变化的主要原因是花生壳上产生肉眼可见的孔隙，随着时间的推移，花生壳上孔隙越来越多，致使花生壳孔隙率持续变化。

5.4.2.5　红外喷动床干燥带壳鲜花生的能耗

干燥是能源最密集的工业操作之一，大约7%～15%的工业能源分配给这个过程。因此，在综合评价不同干燥技术的效果时，应考虑能耗。图5-6显示了四种干燥方式的能耗。可以看出，花生在热风干燥过程中的耗电量为13.3kW·h。同等条件下，红外干燥和红外-热风干燥的能耗分别为11.5kW·h和9.2kW·h。IR-SBD的能耗为7.2kW·h，主要来自轴流风机和红外加热系统。Bagheri等人报道了在红外线烘烤机中烘烤花生仁的能量消

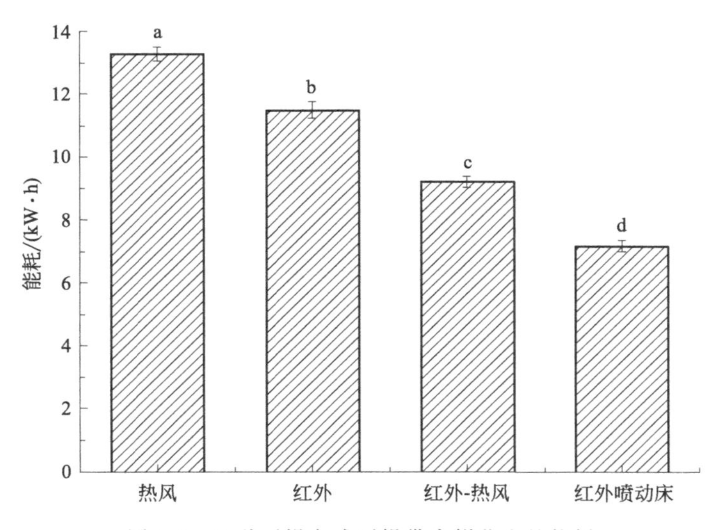

图5-6　四种干燥方式干燥带壳鲜花生的能耗

耗率。在200W下烘烤10min（0.253kW·h）时观察到花生仁烘烤时消耗的能量最低值，在450W下烘烤30min（1.159kW·h）时观察到最高值，这意味着通过选择适当的烘烤条件，可以减少能源消耗。与我们之前研究中的热风、红外和红外-热风方法相比，红外喷动床联合干燥方法将能耗降低了45%、37%和22%。因此，IR-SBD可以被认为是一种很有前途的花生烘烤技术，因为它的能源成本较低。

5.4.3 带壳鲜花生红外喷动床干燥的工艺优化及节能

在5.4.1试验的基础上，增加单因素试验，因素设置如表5-2所示；然后根据单因素试验结果分析确定正交试验因素水平，即采用 $L_9(3^4)$ 正交试验，如表5-3所示。

表5-2 带壳鲜花生红外喷动床干燥单因素试验方案

试验分组	试验序号	固定条件	试验条件
第1组	1 2 3 4	助流剂质量1kg，进口风速16m/s	温度 55℃ 60℃ 65℃ 70℃
第2组	1 2 3 4	干燥温度65℃，助流剂质量1kg	进口风速 16m/s 17m/s 18m/s 19m/s
第3组	1 2 3 4	进口风速16m/s，干燥温度65℃	助流剂质量 1kg 1.5kg 2kg 2.5kg

表5-3 带壳鲜花生红外喷动床干燥正交试验因素水平表

水平	因素		
	干燥温度 A/℃	进口风速 B/(m/s)	助流剂质量 C/kg
1	60	17	1.5
2	65	18	2
3	70	19	2.5

5.4.3.1 不同温度对带壳鲜花生红外喷动床干燥的影响

在进口风速为16m/s，助流剂质量为1kg的条件下，观察不同温度（55℃、60℃、65℃和70℃）对带壳鲜花生红外喷动床干燥特性的影响。

图5-7(a)、(b)分别是带壳鲜花生在不同温度下的水分比曲线和干燥速率曲线。由图5-7(a)可知，带壳鲜花生水分比随着干燥的进行呈现降低的趋势，并且温度越高，干燥时间越短，水分比降低越快速。由图5-7(b)可知，带壳鲜花生干燥速率随着温度的升高而增大。在进口风速为16m/s、助流剂质量为1kg、55～70℃范围内，初始干燥速率在0.22～0.39g/(g·h)。温度为55℃、60℃、65℃和70℃条件下，带壳鲜花生的平均干燥速率依次增大，分别为0.06g/(g·h)、0.07g/(g·h)、0.09g/(g·h)和0.13g/(g·h)。在干燥过程中，还存在一个明显的降速阶段，说明在带壳鲜花生的干燥中，水分扩散受内部扩散控制，而内部扩散阻力决定了传质速率。

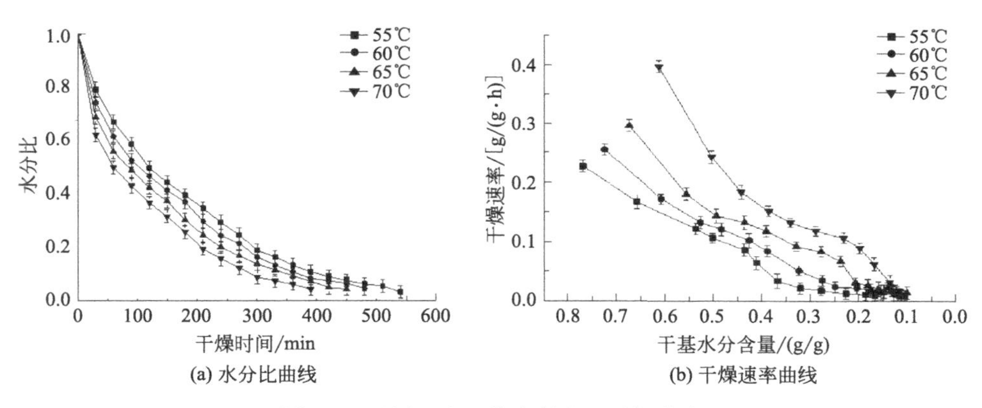

图5-7 不同温度下带壳鲜花生干燥曲线

温度55℃、60℃、65℃和70℃的条件下，带壳鲜花生达到安全水分的时间分别为540min、480min、450min和390min。其中60℃、65℃、70℃与55℃相比，所需要的干燥时间分别缩短了11.11%、16.67%和27.78%，能耗分别降低6.00%、8.50%和15.00%。综合干燥时间和干燥能耗，选取正交试验温度60℃、65℃和70℃。

5.4.3.2 不同进口风速对带壳鲜花生红外喷动床干燥的影响

在干燥温度65℃、助流剂质量1kg的条件下，观察不同进口风速16m/s、

17m/s、18m/s 和 19m/s 对带壳鲜花生红外喷动床干燥特性的影响。

图 5-8(a)、(b) 分别是带壳鲜花生在不同进口风速下的水分比曲线和干燥速率曲线。由图 5-8(a) 可知，带壳鲜花生水分比随着干燥的进行逐渐降低，并且进口风速越高，干燥时间越短，水分比降低越快。由图 5-8(b) 可知，带壳鲜花生干燥速率随进口风速的增大而增大，在干燥温度 65℃、助流剂质量 1kg、进口风速为 16～19m/s 范围内，初始干燥速率在 0.31～0.47g/(g·h)。进口风速 16m/s、17m/s、18m/s 和 19m/s 条件下，带壳鲜花生的平均干燥速率依次增大，分别为 0.07g/(g·h)、0.09g/(g·h)、0.10g/(g·h) 和 0.13g/(g·h)。

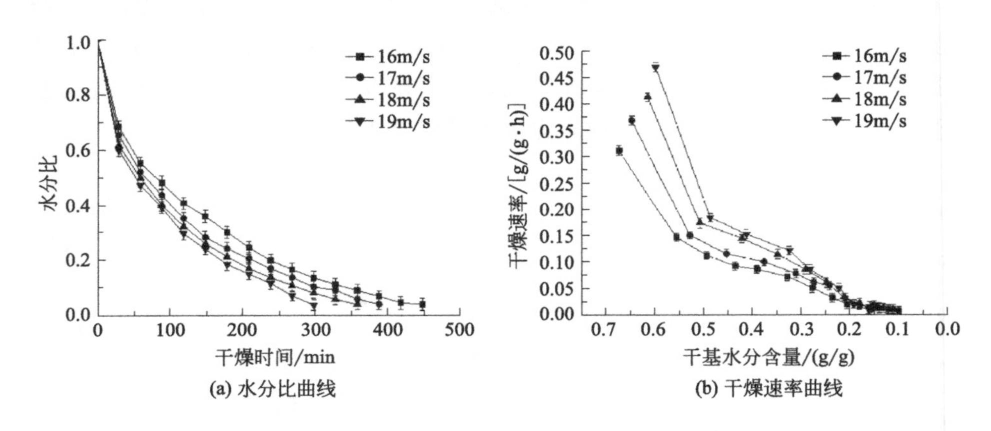

图 5-8　不同进口风速下带壳鲜花生干燥曲线

进口风速 16m/s、17m/s、18m/s 和 19m/s 的条件下，带壳鲜花生达到安全水分的时间分别为 450min、390min、360min 和 300min。其中 17m/s、18m/s、19m/s 与 16m/s 相比，所需要的干燥时间分别缩短了 13.33%、20.00%和 33.33%，能耗分别降低 5.41%、10.81%和 18.92%。综合干燥时间和干燥能耗，选取正交试验进口风速 17m/s、18m/s 和 19m/s。

5.4.3.3　不同助流剂质量对带壳鲜花生红外喷动床干燥的影响

在干燥温度 65℃、进口风速 16m/s 的条件下，观察不同助流剂质量 1kg、1.5kg、2kg 和 2.5kg 对带壳鲜花生红外喷动床干燥特性的影响。

图 5-9(a)、(b) 分别是带壳鲜花生在不同助流剂质量下的水分比曲线和干燥速率曲线。由图 5-9(a) 可知，带壳鲜花生水分比随着干燥的进行逐渐降

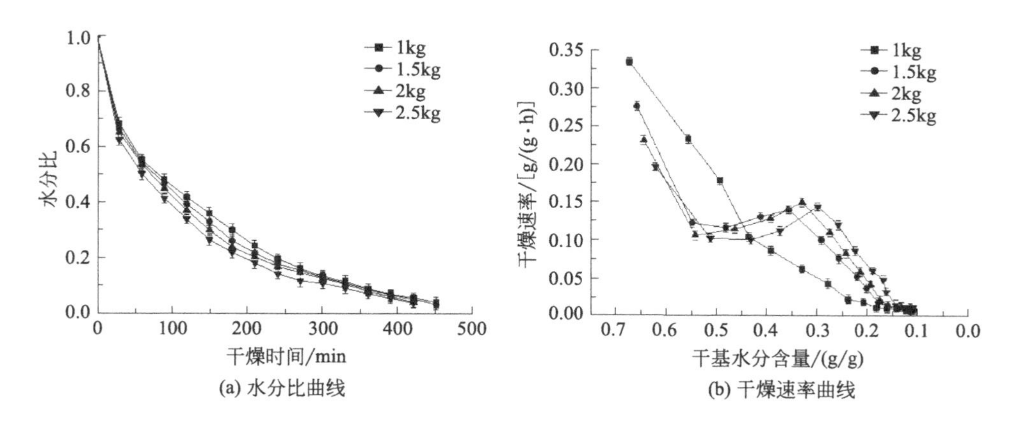

(a) 水分比曲线

(b) 干燥速率曲线

图 5-9 不同助流剂质量下带壳鲜花生干燥曲线

低，但水分比的降低趋势相对不同温度和不同风速条件下较缓慢，由此，助流剂质量对带壳鲜花生干燥影响程度较小。由图 5-9(b) 可知，带壳鲜花生干燥速率在助流剂质量不同情况下呈现出不一样的结果。由于干燥初期带壳鲜花生在喷动床内处于涌动状态，因此在助流剂质量 1kg 时，花生整体所接触热源的面积较大，此时干燥速率明显高于其它三种助流剂质量。随着干燥的进行，花生状态处于喷动状态，助流剂的参与可以给花生带来更好的喷动效果，此时带壳鲜花生的干燥速率随助流剂质量的增大而增大。因此，在助流剂质量这一单因素变量中，带壳鲜花生的干燥速率呈现降速干燥和加速干燥两个阶段。在干燥温度 65℃、进口风速 16m/s、助流剂质量为 1～2.5kg 范围内，初始干燥速率在 0.20～0.33g/(g・h)，助流剂质量 1kg、1.5kg、2kg 和 2.5kg 下，带壳鲜花生平均干燥速率较为接近，均为 0.08g/(g・h)。

助流剂质量 1kg、1.5kg、2kg 和 2.5kg 的条件下，带壳鲜花生达到安全水分的时间分别为 450min、450min、420min 和 420min。其中 2kg、2.5kg 与 1kg 相比，所需要的干燥时间缩短了 6.67%，能耗分别减小 7.50%和 5.00%。由于在助流剂质量 1kg 和 1.5kg 下二者各项指标相差不大，因此，综合干燥时间和干燥能耗，选取正交试验助流剂质量 1.5kg、2kg 和 2.5kg。

5.4.3.4 红外喷动床干燥带壳鲜花生工艺正交试验结果及分析

由表 5-4 中的极差分析可知，红外喷动床干燥带壳鲜花生过程中，红外喷动床设备控制各个因素对带壳鲜花生干燥时间的影响主次为：干燥温度＞进口风速>助流剂质量。较优水平为 $A_3B_3C_2$，即在干燥温度 70℃下，进口风速设置为 19m/s，助流剂质量为 2kg。此时红外喷动床干燥带壳鲜花生的时间相对较短，干燥消耗的能量最小。

表 5-4 正交试验结果与极差分析

序号	A 干燥温度/℃	B 进口风速/m/s	C 助流剂质量/kg	干燥时间 /min	能耗 /kW·h
1	60	17	1.5	510	9.34
2	60	18	2	450	8.03
3	60	19	2.5	470	8.46
4	65	17	2	420	7.58
5	65	18	2.5	420	7.63
6	65	19	1.5	360	6.96
7	70	17	2.5	420	7.66
8	70	18	2	360	7.06
9	70	19	1.5	300	7.13
$K_{1(\text{min})}$	1430	1350	1170		
$K_{2(\text{min})}$	1200	1230	1230		
$K_{3(\text{min})}$	1080	1130	1310		
k_1	476.67	450	390		
k_2	400	410	410		
k_3	360	376.67	436.67		
R	350	220	140		
$K_{1(\text{kW}\cdot\text{h})}$	25.83	24.58	23.43		
$K_{2(\text{kW}\cdot\text{h})}$	22.17	22.72	22.67		
$K_{3(\text{kW}\cdot\text{h})}$	21.85	22.55	23.75		
k_1	8.61	8.19	7.81		
k_2	7.39	7.57	7.56		
k_3	7.28	7.52	7.92		
r	3.98	2.03	1.08		
较优水平	A_3	B_3	C_2		
因素主次	$A>B>C$				

5.4.4 小结

本节研究了带壳鲜花生在红外喷动床中干燥的变化，通过与热风干燥、红外干燥和红外-热风干燥进行对比，得到红外喷动床干燥方式与其它干燥方式的差异。同时，通过对比突出带壳鲜花生在红外喷动床下的干燥特性。

在选用的干燥方式下对带壳鲜花生进行干燥，结果表明，在 4 种不同干燥过程中，干基含水率逐渐降低，干燥速率随干燥方式的改变逐渐增大，其中红外喷动床干燥的干燥时间最短，干燥速率最大。通过微观结构观察，干燥使花生壳和花生仁的结构变形，且孔隙率增加，并最终趋于稳定，但红外喷动床干燥在到达干燥终点时花生壳孔隙率仍然在增加，这可能与红外喷动床干燥中使花生壳产生孔隙有关。通过穿刺试验可知，花生仁的硬度呈现先增后减再增的趋势，说明花生仁在干燥中期会发生不同于外界的湿度变化；花生壳硬度在干燥过程中先降低后升高。

通过单因素试验和 $L_9(3^4)$ 正交试验，确定了较优的干燥条件。同时，对比 4 种干燥方式下能耗量，红外喷动床干燥可以大幅度减少能源消耗，节约资源，更符合现代工业的要求。同时也进一步为红外喷动床技术用于其它带壳类物料的干燥提供了理论支持。

参考文献

[1] 渠琛玲，王雪珂，汪紫薇，等．花生果常温通风干燥实验研究[J]. 中国粮油学报，2020，35（01）：121-125.

[2] 宋晓峰，付春，鲁成凯，等．不同品种花生荚果自然干燥速率的研究[J]. 农业与技术，2021，41（04）：4-6.

[3] 杨潇．新鲜花生热风干燥试验研究[D]. 北京：中国农业机械化科学研究院，2017.

[4] 林子木，赵卉，李玉，等．花生热风干燥特性及动力学模型的研究[J]. 农业科技与装备，2020（02）：31-33.

[5] 王安建，高帅平，田广瑞，等．花生热泵干燥特性及动力学模型[J]. 农产品加工，2015（09）：57-60.

[6] 卢映洁．带壳鲜花生热风-热泵联合干燥及贮藏过程中生物特性的研究[D]. 洛阳：河南科技大学，2020.

[7] 陈霖．基于控温的花生微波干燥工艺[J]. 农业工程学报，2011，27（S2）：267-271.

[8] AITOR P，ROBERTO A，JORGE V，et al. Elutriation，attrition and segregation in a conical spouted bed with a fountain confiner[J]. Particuology，2020，51（8）：35-44.

[9] BARROS D，BRITO R，FREIRE F，et al. Fluid dynamic analysis of a modified mechanical stirring spouted bed：effect of particle properties and stirring rotation[J]. Industrial & Engineering Chemistry Research，2020，59（37）：16396-16406.

[10] FAKHREDDIN S，MAHDI K，ALI J. Drying kinetics and characteristics of combined infra-

red-vacuum drying of button mushroom slices[J]. Heat and Mass Transfer，2016，53（5）：1751-1759.

[11] RATSEEWO J，MEESO N，SIRIAMORNPUN S. Changes in amino acids and bioactive compounds ofpigmented rice as affected by far-infrared radiation and hot air drying[J]. Food Chemistry，2020，306（10）：3-12.

[12] 段续，张萌，任广跃，等．玫瑰花瓣红外喷动床干燥模型及品质变化[J]. 农业工程学报，2020，36（8）：238-244.

[13] ALIZEHI M H，NIAKOUSARI M，FAZAELI M，et al. Modeling of vacuum-and ultrasound-assisted osmodehydration of carrot cubes followed by combined infrared and spouted bed drying using artificial neural network and regression models[J]. Journal of Food Process Engineering，2020，43（12）：1-16.

[14] LI L L，CHEN J L，ZHOU S Q，et al. Quality evaluation of probiotics enriched Chinese yam snacks produced using infrared-assisted spouted bed drying[J]. J. Food Process. Preserv.，2021，45：1-9.

[15] MANSHADI A D，PEIGHAMBARDOUST S H，DAMIRCHI S A，et al. Effect of infrared-assisted spouted bed drying of flaxseed on the quality characteristics of its oil extracted by different methods[J]. J. Sci. Food Agric.，2020，100：74-80.

[16] 国家卫生和计划生育委员会．食品安全国家标准食品中水分的测定：GB/T 5009. 3—2016[S]. 北京：中国标准出版社，2016：1-2.

[17] FILIPPIN A P，MOLINA F L，FADEL V，et al. Thermal intermittent drying of apples and its effects on energy consumption[J]. Drying Technology，2018，36（14）：1662-1677.

[18] SEREMET L，BOTEZ E，NISTOR O，et al. Effect of different drying methods on moisture ratio and rehydration of pumpkin slices[J]. Food Chemistry，2016，195：104-109.

[19] DILMAC M，ALTUNTAS E. Selected some engineering properties of peanut and its kernel [J]. Int. J. Food Eng，2012，8：1-12.

[20] XIAO H W，MUJUMDAR A S. Importance of drying in support human welfare[J]. Drying Technol，2020，38：1542-1543.

[21] BAGHERI H，KASHANINEJAD M，ZIAIIFAR A M，et al. Textural，color and sensory attributes of peanut kernels as affected by infrared roasting method[J]. Inf. Process. Agric.，2019，6：255-264.

第6章

红外喷动床干燥香菇

6.1 香菇干燥技术研究现状

香菇，富含蛋白质、维生素、多糖和多酚类等物质，味道鲜美且香气独特，深受广大消费者喜爱，是著名的食药兼用菌。香菇多糖具有抗肿瘤、调节免疫、抗衰老、抗氧化和防辐射等功效。鲜香菇初始含水率高达80%（湿基）以上，且呼吸作用强，采收后新鲜度下降快，易发生褐变、萎蔫，贮藏过程中保鲜非常困难，货架期缩短，进而影响香菇的风味和商品价值。干燥是全球范围内用来延长香菇货架期的最常见和最具成本效益的方法。目前，随着食用菌加工业的发展，干燥技术不断提高，香菇常用的干燥方法主要有热风干燥、微波干燥、真空冷冻干燥、红外干燥、热泵干燥以及联合干燥技术等。不同干燥方式会对香菇的营养成分、色泽、风味等产生不同的影响，干燥方式是影响干制产品品质的重要因素，主要营养成分、风味物质在干燥过程中产生化学反应。

其中红外辐射加热干燥技术被广泛应用于食品加工中，如油菜蜂花粉、胡萝卜、桑葚等，是利用介于微波和可见光之间的红外光谱带进行干燥，具有干燥效率高、产品质量佳等优点。但该技术存在一定的局限性，如红外辐射能耗大、成本高、穿透度低、多层干燥物料时导致干燥不均匀等缺点。物料内部结构的含水量大于外部结构，采用红外干燥时水分由内向外进行扩散，物料内部温度比表面温度高，因此易造成物料受热不够均匀。为改善这一问题，合理地将红外辐射干燥与其他干燥技术相结合，如喷动床干燥技术。喷动床干燥的设备结构简单、易操作、干燥均匀性好、传热传质速率高。相关研究证明，红外联合喷动床干燥设备干燥时间短，能降低干燥能耗。将红外干燥与喷动床干燥相结合，不仅改善红外干燥设备存在的高耗能、红外喷动床热损失大等问题，也可利用喷动床干燥的优点提高红外加热的均匀性，保持产品品质。

6.2 香菇干燥风味物质研究现状

风味是影响香菇质量的决定性因素之一，也是决定消费者对产品接受程度的最重要因素。食品风味本质上是味道和挥发性化合物的结合，前者主要是鲜味、甜味和酸味，而后者则取决于挥发性芳香物质的种类和含量。一般来说，鲜味化合物决定了食物的味道，而挥发性化合物的复杂性及其与挥发性化合物的特定组合则决定了各种食物的特定风味或香气。香菇含有丰富的氨基酸等营养成分和独特的香气化合物，决定了其品质和消费者偏好。1994—2013 年全球食用菌产量年均增长率为 5.6%，主要来自中国。2014 年食用菌国际贸易额为 53.17 亿美元，其中中国贸易额最高，其次是荷兰、波兰、爱尔兰和西班牙。2000 年，全国食用菌总产量为 664 万吨。在香菇的加工过程中，确实发生了一系列的代谢生理变化，例如在干燥过程中香味化合物的生物合成。风味物质的形成与干燥过程中的美拉德反应、脂质氧化降解、蛋白质水解和 Strecker 降解有关。在干燥过程中，当不同细胞间分离的酶与有机基质相互作用时，细胞被打破，新鲜蘑菇组织释放挥发物。在这一阶段，香菇中各种脂肪酸、氨基酸和碳水化合物作为香气前体，在某些酶的作用下被催化形成大量的挥发性化合物。许多挥发性化合物混合形成干香菇的独特风味。干燥过程中风味的形成一般分为以下几类：①由氨基化合物和羧基化合物之间的美拉德反应产生的风味物质；②酶促反应制风味；③热降解产生风味。此外，蛋白质水解和 Strecker 降解产生的具有风味的游离氨基酸可能是香菇在干燥过程中产生独特风味和香气的原因。

6.3 香菇红外喷动床干燥特性及品质变化

传统的香菇干燥多以晒干和烘干为主，难以保证质量。将香菇进行干燥可解决新鲜香菇货架期短等问题，增加产品经济效益。由于单一干燥方式都有各种不足，香菇营养成分流失严重，干燥后色泽极易变深，进而影响品质。学者们尝试了两种甚至多种干燥方式组合干制香菇，联合干燥可以结合两种干燥方法的优点。本研究将新鲜香菇采用红外喷动床干燥技术进行加工，为提高香菇的干燥速率和品质，研究不同出风温度和风速下香菇的干燥特性并建立干燥动力学模型，对比不同干燥条件下香菇干制品的品质变化。探讨不同干燥条件下香菇干制品的干燥特性、水分比、单位能耗、复水比、色泽及微观结构，并建立干燥模型，为香菇干制品加工及红外喷动床干燥的研究与应用提供理论参考。

6.3.1 试验方法

6.3.1.1 工艺流程

新鲜香菇→清洗→去柄→切丁→红外喷动床干燥→粉碎过筛→指标测定。具体如下：挑选无霉变、虫蛀，菌盖大小均匀、表面无皱痕的香菇样品用于干燥试验。将香菇去柄，采用12mm×12mm×12mm（长×宽×高）的切丁器处理。干燥开始前，将红外功率设置为1000W，波长设置为10μm。每组取200g投放到红外喷动床内，以水分质量分数低于13%为干燥终点。每个处理组平行重复3次试验。

采用红外喷动床对香菇进行干燥时，设定出风温度为45℃、50℃、55℃、60℃，喷动床出风风速通过调节变频风机频率，分别调节为7.0m/s、7.5m/s、8.0m/s、8.5m/s。考察出风温度和风速对物料干燥特性、品质特性和微观结构的影响（见表6-1）。

表6-1 试验设计及试验参数

序号	出风温度/℃	出风风速/($m \cdot s^{-1}$)
1	45	8.0
2	50	8.0
3	55	8.0
4	60	8.0
5	55	7.0
6	55	7.5
7	55	8.0
8	55	8.5

6.3.1.2 香菇红外喷动床干燥特性

（1）初始水分含量的测定

依据GB 5009.3—2016《食品中水分的测定》测定香菇的初始含水率。

（2）干燥过程中样品湿基含水率测定

计算公式如下：

$$\omega_t=\frac{m_t-m_0(1-\omega_0)}{m_t}\times 100\%$$

式中，ω_t、ω_0 分别为在任意干燥 t 时刻样品湿基含水率和样品的初始湿基含水率，g/g；m_t、m_0 分别为在任意干燥 t 时刻的质量和物料初始质量，g。

(3) 干燥速率

$$D_R=\frac{M_{a_2}-M_{a_1}}{t_2-t_1}$$

式中，D_R 为干燥速率，g/(g·min)；M_{a_1} 和 M_{a_2} 分别为干燥到 a_1 和 a_2 时刻样品的湿基含水率，g/g。

(4) 水分比

$$MR=\frac{X_t-X_e}{X_0-X_e}$$

式中，X_t 为 t 时刻样品的水分含量，g/g；X_0 为初始时刻样品的水分含量，g/g；X_e 为平衡时样品的湿基水分含量，g/g。

(5) 干燥模型

为更好地描述与预测红外喷动床干燥过程中香菇样品的水分散失情况，本研究选取 12 个数学模型拟合香菇的干燥曲线，具体见表 6-2。选取拟合精度高的模型表征香菇红外喷动床干燥的脱水过程。

表 6-2 干燥模型

序号	模型名称	模型方程
1	Newton	$MR=\exp(-kt)$
2	Page	$MR=\exp(-kt^n)$
3	Henderson and Pabis	$MR=a\exp(-kt)$
4	Wang and Singh	$MR=1+at+bt^2$
5	Approximation of diffusion	$MR=a\exp(-kt)+(1-a)\exp(-kbt)$
6	Verma	$MR=a\exp(-kt)+(1-a)\exp(-gt)$
7	Two-term exponential	$MR=a\exp(-kt)+(1-a)\exp(-kat)$

6.3.1.3 香菇红外喷动床干燥品质特性

(1) 色泽的测定

用色差仪测定香菇干制品的亮度值 L^*、红绿值 a^*、蓝黄值 b^*，以鲜香菇片作为对照，按式(6-1)、式(6-2)、式(6-3) 分别计算总色差 ΔE、彩度

c^*、色相角 $h°$。$h°$值对应的颜色如下：红紫色 0°；黄色 90°；蓝绿色 180°；蓝紫色 270°。每组样品测量 3 次，取平均值。

$$\Delta E=\sqrt{(L_0-L^*)^2+(a_0-a^*)^2+(b_0-b^*)^2} \tag{6-1}$$

$$C^*=\sqrt{a^{*2}+b^{*2}} \tag{6-2}$$

$$h^0=\arctan\left(\frac{b^*}{a^*}\right) \tag{6-3}$$

式中，L_0、a_0、b_0 为鲜香菇色度值；L^*、a^*、b^* 为处理组色度值。

(2) 单位能耗的测定

耗电量根据红外喷动床仪器电表示数直接读取，单位为 kW・h。干燥能耗为干燥 1g 水分的能耗（kJ）。

按式(6-4)、式(6-5) 进行计算。

$$m_1=m\times\frac{C_1-C_2}{1-C_1} \tag{6-4}$$

$$W=\frac{3600\times P_0\times t}{m_1} \tag{6-5}$$

式中，m_1 为脱水质量，g；m 为干燥终点样品质量，g；C_1 为初始湿基水分含量，%；C_2 为最终湿基水分含量，%；W 为干燥能耗，kJ/g；P_0 为功率，kW；t 为时间，h。

(3) 粗多糖含量的测定

粗多糖含量的测定参照 NY/T 1676—2008《食用菌中粗多糖含量的测定》。以上单位均为 mg・g^{-1}，结果均以干质量计。

(4) 微观结构的测定

将各组样品固定于试验台，喷金后观察其表面的微观结构，放大倍数为 1500 倍。

(5) 收缩率的测定

尺寸收缩率采用游标卡尺分别测定干燥前后香菇丁的厚度。干燥前随机选 5 个香菇样品，分别从 3 个不同的方向进行测量并标记，干燥结束后再次测量相应位置的尺寸，按照式(6-6) 计算。

计算公式：

$$收缩率=(d_0-d_t)/d_0\times 100\% \tag{6-6}$$

式中，d_0 和 d_t 分别为干燥前后香菇尺寸大小，mm。

(6) 复水比的测定

取 1.5g 香菇干样置于 25℃的蒸馏水中，共复水 200min，测其质量。在测定前将样品表面多余水分用滤纸吸干，平行测定 3 次，取其平均值。

按照式(6-7)计算：

$$复水比=\frac{m_t}{m_0} \tag{6-7}$$

式中，m_t 为复水后的样品质量，g；m_0 为干燥样品的初始质量，g。

(7) 质构特性的测定

选取硬度、弹性、咀嚼性和挤压恢复力4个分析指标，采用“二次压缩”的模式进行物性分析。测定条件：探头P75，测前速率2mm/s，测中速率2mm/s，测后速率10mm/s，压缩比40%，剪切感应力5g，探头2次测定间隔时间5s，触发类型为自动。不同试验组分别取5个复水后的香菇丁进行测试，结果取平均值。

6.3.1.4 数据处理

采用Origin 8.5软件处理数据及作图，采用SPSS 20.0软件对数据进行统计分析，显著性差异 $p<0.05$。

6.3.2 不同出风风速及风温条件下的干燥曲线及干燥速率曲线

根据干燥曲线得出，当香菇样品的水分质量分数降至13%及以下时，随着温度及风速的升高，干燥时间缩短。红外喷动床的干燥过程呈现先升速干燥阶段后转为降速解析的阶段，最后接近恒速干燥阶段。在恒速干燥阶段需要将物料内部较紧密的结合水除去，干燥速率明显下降，且传热效率低，所以在干燥过程中耗时较长。红外喷动床干燥的干燥效率比传统干燥时间缩短一半以上。由图6-1干燥曲线可知，在干燥过程中湿基水分含量逐渐减小，温度升高有助于缩短干燥时间，温度为60℃条件下所需的干燥时间比45℃缩短了42.85%。根据图6-1干燥速率曲线得出，香菇采用红外喷动床的干燥方式不存在明显的恒速干燥阶段，主要为降速过程，有明显的升速期。干燥逐渐使香菇的湿基水分含量降低，喷动床内形成良好的喷动状态，即物料处于有规律的内循环运动时，短时间内样品的失水量迅速增大，干燥速率达到最大值。当干燥速率达到最大值时，往后干燥速率处于降速阶段，失水量逐渐减小。干燥速率降低，物料水分蒸发较为缓慢。由图6-2可知，风速增大可有效缩短干燥时间，较高风速能加快物料循环，且在一定程度上增大香菇与空气间的传热、传质系数，有助于物料表面与空气介质之间的水分交换。风速为8.0m/s所需干燥时间较短，对香菇湿基含水率的变化有显著影响。在图6-2中，不同风速条件下，香菇呈现先升速干燥后降速干燥的趋势，与图6-1中不同出风温度对物料呈现的趋势原理相同。干燥速率达到最高值后，风速对物料的干燥速率影响较大，风速的增大促进了香菇表面的水分扩散到空气中，其扩散速率大于物料内部水分扩散速率，整个过程呈降速干燥。

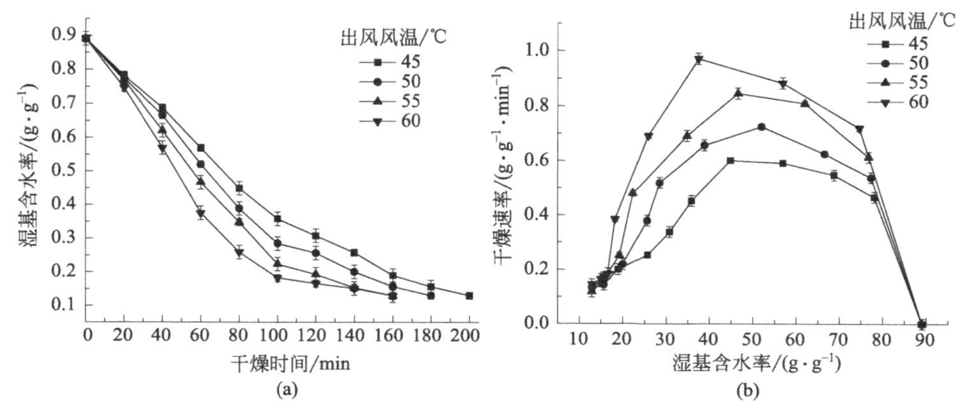

图 6-1　不同出风温度下香菇的干燥曲线和干燥速率曲线

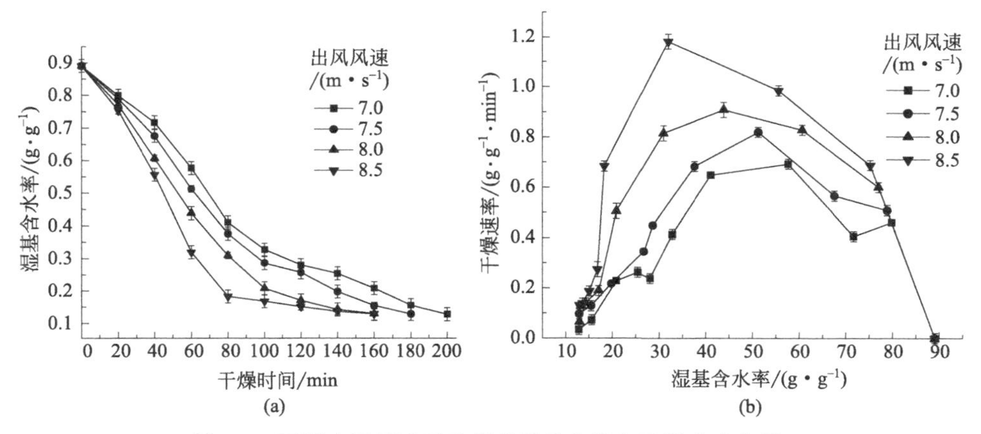

图 6-2　不同出风风速下香菇的干燥曲线和干燥速率曲线

6.3.3　香菇红外喷动床干燥过程模拟

6.3.3.1　干燥模型的选择

本试验选取 7 种干燥模型，在温度 55℃、风速 8.0m/s 条件下进行数据拟合，相应的参数值 R^2、RSS 和 χ^2 见表 6-3。由表 6-3 可知，Page 模型 R^2 值最大为 0.9978，RSS 和 χ^2 最小分别为 0.00242 和 3.46174×10^{-4}，拟合程度最高，因此选择此模型为最优模型，并对其进行验证。

表 6-3　不同干燥模型的干燥参数及模型系数

模型	R^2	RSS	χ^2	模型参数
Newton	0.9526	0.0521	0.0074	$k=0.0157$
Page	0.9978	0.0024	3.4617×10^{-4}	$k=0.0013, n=1.5858$
Henderson and Pabis	0.9613	0.0426	0.0061	$a=1.0818, k=0.0169$
Wang and Singh	0.9922	0.0086	0.0012	$a=-0.0113, b=3.0547\times10^{-5}$
Approximation of diffusion	0.9950	0.0056	9.2787×10^{-4}	$a=-2.5384\times10^{6}, k=0.0333, b=1$
Verma	0.9845	0.0170	0.0028	$a=1.3305, k=0.0204, g=38.2540$
Two-term exponential	0.9932	0.0075	0.0011	$a=2.0595, k=0.0250$

6.3.3.2　干燥模型的验证

为了保证选择模型的准确性，选取 50℃、8.0m/s，60℃、8.0m/s，55℃、7.5m/s，55℃、8.5m/s 条件下的试验数据进行拟合分析，对比可得试验值与计算值基本吻合，结果如图 6-3 所示，说明 Page 模型可较好反映香菇红外喷动床干燥的水分变化规律，可以通过干燥模型对香菇的干燥过程进行分析和预测。

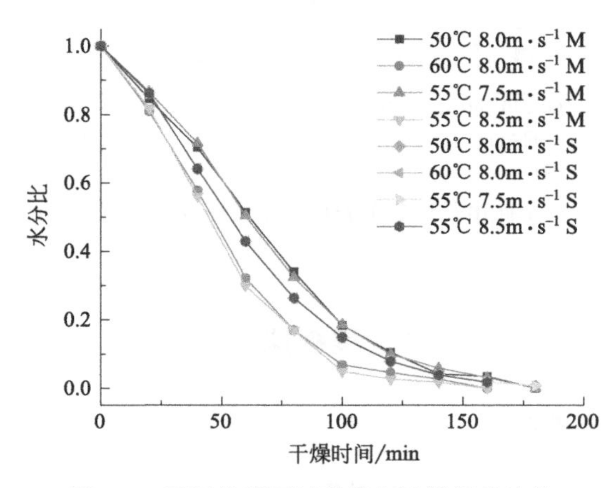

图 6-3　不同条件下试验值与计算值的比较

M 代表实际值；S 代表模拟值

6.3.4　不同干燥条件对香菇色泽的影响

由表6-4可知，香菇干制品在不同风速条件下表观色泽与鲜香菇最接近。温度45℃与60℃条件下香菇干制品亮度L^*值最低，颜色由灰白色经过褐变，与新鲜香菇原样色泽差异（ΔE值）最大。这可能是由于干燥温度不适宜，非酶促褐变美拉德反应导致样品色泽褐黑化。干燥整香菇过程中，因红外辐射的内部加热易形成热点，这些热点可能促成美拉德反应以及焦糖化反应等，使物料色泽变暗淡，还可能导致物料局部烧焦。采用适宜的温度和风速减少了热点和干燥不均匀的产生，使得香菇干制品L^*值差异不显著（$p>0.05$）。

表6-4　不同干燥条件下香菇的色泽

因素	干燥条件	L^*	a^*	b^*	ΔE
鲜样		88.72±0.12	1.74±0.09	10.55±0.14	
出风温度/℃	45	68.69±0.21^c	2.51±0.11^a	11.93±0.11^d	20.09±0.20^b
	50	81.17±0.19^a	1.52±0.08^b	12.77±0.10^c	7.87±0.21^d
	55	72.62±0.19^b	0.99±0.07^c	13.75±0.10^b	16.43±0.17^c
	60	68.89±0.16^c	1.05±0.06^c	18.08±0.08^a	21.23±0.13^a
出风风速/($m \cdot s^{-1}$)	7.0	84.92±0.10^c	1.27±0.08^a	19.84±0.09^a	10.05±0.04^a
	7.5	85.84±0.15^b	1.24±0.08^a	15.05±0.08^c	5.37±0.05^d
	8.0	86.45±0.14^a	0.92±0.11^b	13.54±0.12^d	3.84±0.02^c
	8.5	84.23±0.14^d	0.57±0.09^c	17.85±0.09^b	8.65±0.03^b

注：同列肩标字母不同表示差异显著（$p<0.05$），下同。

6.3.5　不同干燥条件对香菇能耗的影响

由图6-4得香菇红外喷动床干燥的单位能耗随着出风风温的升高而逐渐下降，在60℃时达到最小值97.17kJ·g^{-1}，干燥时间也随之缩短。出风风速达到8.5m/s时，单位能耗较风速为7.0m/s时明显下降，风速增加导致干燥速率加快，干燥时间较低风速时短，因此减少干燥能耗。在较高温度下对物料进行干燥，能迅速降低含水率，而低温则需要消耗更多的热能，导致干燥时间及单位能耗增加，加工成本也随之增高。因此选择合适的出风温度及风速可有效降低能耗，增加产品经济效益。

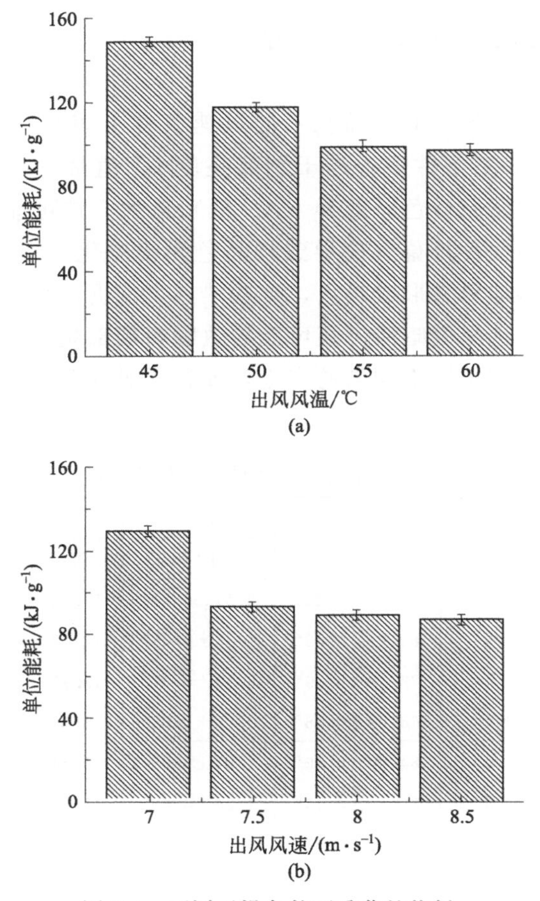

图 6-4 不同干燥条件下香菇的能耗

6.3.6 不同干燥条件对香菇粗多糖含量的影响

由表 6-5 可知，香菇经红外喷动床干燥后粗多糖含量随出风风温的升高逐渐增大，且出风风温对粗多糖含量的影响显著，出风风速对粗多糖含量影响较为显著。在出风风温为 60℃时，粗多糖含量达到最大值 9.53mg·g^{-1}。香菇粗多糖含量与加热温度和干燥时间有密切关系。随着温度升高，干燥时间随之减少，粗多糖损耗量较小，香菇物料干重逐渐增加，干物质中粗多糖的含量增加。出风风速的增加同样促使干燥速率加快，干燥时间缩短，能耗低且增加了香菇干制品的营养成分。

表 6-5　不同干燥条件下香菇的粗多糖含量

项目	出风风温/℃				出风风速/(m·s^{-1})			
	45	50	55	60	7.0	7.5	8.0	8.5
粗多糖含量/(mg·g^{-1})	9.09±0.03^{d}	9.16±0.02^{c}	9.42±0.02^{b}	9.53±0.06^{a}	9.16±0.03^{c}	9.27±0.07^{b}	9.48±0.04^{a}	9.51±0.04^{a}

6.3.7　不同干燥条件对香菇微观结构的影响

不同的干燥条件对香菇的内部结构有很大的影响。图 6-5 是两种干燥方式下香菇样品截面的微观结构。经不同风速干燥后的样品微孔分布多，蜂窝状结构比较均匀，但孔隙较大。经不同温度干燥后的样品截面呈多孔性的蜂窝状网状结构，微孔分布大小相近且均匀，可知细胞结构受到破坏较小。随着风速的升高，物料中冰晶在短时间内快速升华，结构孔径变大，因此干燥样品的微观孔洞较大。而 45℃干燥的样品的结构扫描图中其多孔蜂窝状结构非常不明显，纤维结构有层叠现象，细胞壁结构坍塌，说明样品细胞结构产生严重破坏。综合来看，适当地升温和增大风速能维持较好的香菇微观结构。

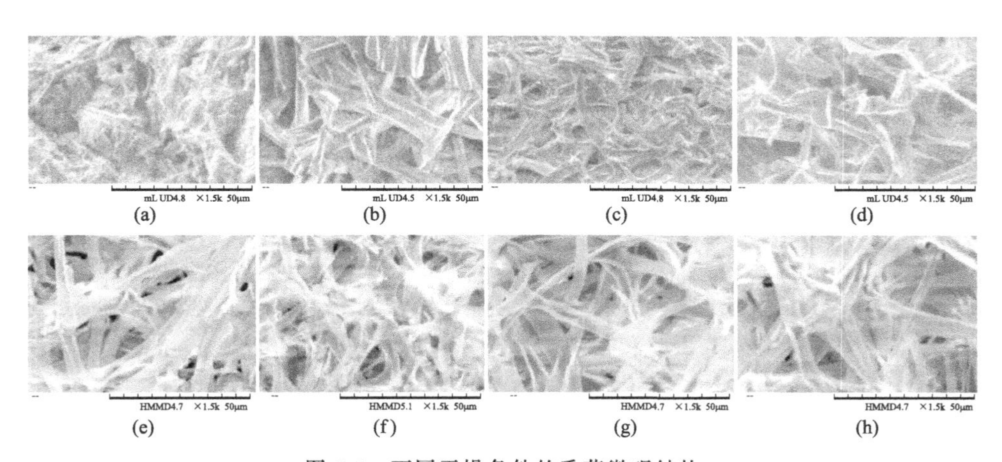

图 6-5　不同干燥条件的香菇微观结构

[图(a)～(d)为不同温度干燥的香菇微观结构；图(e)～(h)为不同风速干燥的香菇微观结构]

6.3.8　不同干燥条件对香菇微收缩率和复水比的影响

表 6-6 表明，随着出风风温的增加，干燥后的香菇的收缩率呈现先上升后

下降的趋势，在55℃呈现最大值91.43%。收缩率的值越大，表明皱缩程度越明显。温度升高导致结构中的细胞失水速率加快，细胞的孔隙也紧密皱缩，使得收缩率不断增大。收缩率随出风风速的增大而增大。出风风温与风速对收缩率影响显著。采用红外喷动床进行干燥时，干燥箱内物料处于规律流动，能有效改善单一红外干燥方式引起的加热不均匀，进而导致温度过高，收缩率增加。新鲜香菇初始含水率高达86.06%，在较高温度下物料内部水分大量扩散蒸发，导致物料结构发生剧烈变化。60℃下，收缩率较55℃有所下降，考虑随着温度升高，能耗逐渐降低，干燥时间随之缩短，物料发生收缩的时间减少，在此条件下，收缩率有所下降，但收缩率整体处于增长趋势。复水是评价物料干燥后外观形态恢复至初始状态的重要指标之一，复水性与孔隙率密切相关。在一定时间段内，复水比越大，物料孔隙率越大。经试验得孔隙率受收缩率影响，收缩严重时，物料孔隙较小。在复水初始阶段，水分快速填充干制品表面和内部的毛细管孔和空腔，复水速率快，复水比快速增大，然后逐渐趋于饱和。由于干香菇丁与水的接触面积比香菇片小，因此复水平衡时间较张海伟等的平衡时间短。

表6-6 不同干燥条件下香菇的收缩率与复水比

因素	干燥条件	收缩率/%	复水比
出风温度/℃	45	82.58 ± 0.15^{d}	3.73 ± 0.05^{a}
	50	84.78 ± 0.18^{c}	3.40 ± 0.06^{b}
	55	91.43 ± 0.33^{a}	3.33 ± 0.09^{bc}
	60	87.05 ± 0.20^{b}	3.27 ± 0.05^{c}
出风风速/($m \cdot s^{-1}$)	7.0	82.95 ± 0.26^{d}	3.47 ± 0.06^{b}
	7.5	84.62 ± 0.19^{c}	3.53 ± 0.04^{b}
	8.0	89.29 ± 0.22^{b}	3.60 ± 0.08^{ab}
	8.5	91.89 ± 0.17^{a}	3.73 ± 0.10^{a}

注：a，b，c，d表质量等级。

6.3.9 不同干燥条件对香菇质构特性的影响

复水后香菇的质构特性是决定口感的重要指标。硬度可用于表示牙齿咬断菇片所需的力，硬度大小取决于干燥方式对菇片组织结构的影响，在干燥过程中孔隙率越大，复水时水分越易进入，物料复水后质地柔软。弹性和回复性则表示挤压后回复原状的能力，咀嚼性是硬度、弹性和内聚性的综合表现。如表6-7所示，出风温度为55℃时的硬度最小、弹性较大、挤压复原力较大，说明在该条件下香菇复水后韧性较大。咀嚼性是硬度、弹性及黏聚性的综合表现，挤压复原力表示样品经挤压后恢复原状的能力，侧面反映了样品的弹性。因此，弹性越大，挤压复原力越大。本试验中出风风温及风速对物料的挤压复原力影响不显著。

表 6-7　不同干燥条件下香菇的质构特性

因素	干燥条件	硬度/g	弹性/g	咀嚼性/g	挤压复原力/g
出风温度/℃	45	463.58 ± 4.64^{a}	0.91 ± 0.12^{c}	483.46 ± 5.79^{c}	0.53 ± 0.06^{a}
	50	384.90 ± 4.13^{b}	1.07 ± 0.11^{c}	350.83 ± 5.40^{d}	0.56 ± 0.05^{a}
	55	289.82 ± 6.70^{d}	2.38 ± 0.16^{a}	694.45 ± 5.46^{a}	0.62 ± 0.02^{a}
	60	372.48 ± 2.14^{c}	1.56 ± 0.16^{b}	508.77 ± 4.76^{b}	0.59 ± 0.07^{a}
出风风速 $/(m\cdot s^{-1})$	7.0	452.49 ± 6.31^{a}	0.92 ± 0.04^{b}	242.07 ± 4.91^{d}	0.54 ± 0.05^{a}
	7.5	365.44 ± 5.30^{b}	0.93 ± 0.07^{b}	295.52 ± 5.13^{c}	0.55 ± 0.05^{a}
	8.0	316.46 ± 3.56^{d}	1.51 ± 0.14^{a}	432.58 ± 3.93^{a}	0.58 ± 0.07^{a}
	8.5	348.67 ± 4.81^{c}	1.01 ± 0.12^{b}	c327.07 ± 5.63^{b}	0.60 ± 0.06^{a}

注：a，b，c，d 表质量等级。

6.3.10　小结

本试验以新鲜香菇为原料，采用红外喷动床进行干燥研究，得出在不同温度和风速下，香菇红外喷动床的干燥曲线和干燥速率曲线呈现基本相同的变化趋势，整个过程分为升速阶段和降速阶段，没有明显的恒速阶段，温度的提高和风速的增大有利于提高干燥速率，有效降低单位能耗；通过对 7 种干燥数学模型的比较，确定了 Page 模型能较好地反映香菇红外喷动床干燥过程中水分的变化；出风温度和风速对复水比、粗多糖含量、色泽和质构特性均有显著影响，在一定的干燥条件下能维持较好的香菇微观结构。采用红外喷动床干燥香菇，提高了干燥效率，减少了加热不均匀性，在出风风温为 55℃、出风风速为 8.0m/s 条件下，香菇品质较优，微观结构保持较好。

6.4　香菇红外喷动床干燥过程中的风味变化

当前食用菌深受消费者喜爱，检测及分析食用菌的风味对评价其品质是十分重要的。食品的风味特征涵盖两个方面，即气味与滋味，前者主要源自挥发性化合物，而后者主要由非挥发性化合物贡献。据研究，香菇的鲜美口味主要来源于几种水溶性小分子物质，包括可溶性糖（醇）、5′-核苷酸、游离氨基酸和有机酸，它们能有效提高食品的适口性。香菇的非挥发性化合物是其滋味属性的重要组分，但当前关于香菇干制过程中风味组分的动态变化鲜有研究。因此，为了探究香菇红外喷动床干燥过程中风味物质的变化规律，本试验对该过程进行研究，利用高效液相色谱仪和全自动氨基酸分析仪测定可溶性糖（醇）、呈味核苷酸、有机酸和游离氨基酸，此外，借助等鲜浓度的变化反映鲜味强度的改变，旨在为深入了解红外喷动床干燥过程中香菇风味物质的变化机制提供理论依据。

6.4.1 试验方法

6.4.1.1 可溶性糖和多元醇含量测定

干制后的香菇→粉碎过筛→80%乙醇超声处理→加水回流提取→浓缩→离心→上层清液定容至5mL→加无水乙醇在4℃过夜→离心→TFA酸解→加入甲醇→旋蒸→加入PMP衍生化→加入NaOH→70℃下反应1h→加入HCl→定容至1mL→加入氯仿→离心10min→0.45μm微膜过滤，采用高效液相色谱仪进行分析，色谱柱为Agilent Zorbax SB-C_{18}（250mm×4.6mm，5μm）。流动相为磷酸盐缓冲液与乙腈按一定体积比（84.5/15.5，V/V）混合。流速1.5mL/min，柱温30℃，进样量20μL，检测波长为250nm。

6.4.1.2 5′-核苷酸测定

称取各香菇干制品0.5000g（以干重计），加入30mL超纯水，煮沸1min后冷却，在4000r/min转速下进行20min离心。取出上清液，将残渣用相同的方法反复2次进行提取。最后合并上清液于旋转蒸发仪中浓缩至干，并随即定容至10mL。取溶解液经0.45μm滤膜过滤后待测。

色谱条件：采用Zorbax Eclipse XDB-C_{18}（250mm×4.6mm，5μm）色谱柱，柱温25℃；流动相为超纯水-甲醇-冰乙酸-四丁基氢氧化铵（894.5∶100∶5∶0.5，$V/V/V/V$），流速为0.6mL/min；进样量20μL；采用紫外检测器，检测波长为254nm。根据标准品的出峰时间及峰面积，绘制标准曲线计算样品中相应物质的含量。

6.4.1.3 游离氨基酸测定

称取各香菇样品0.5000g（以干重计），加入浓度为10g/L的磺基水杨酸2mL和10g/L的EDTA$Na_2$1mL，混合均匀后超声处理1h，静置过夜。用

0.02mol/L 盐酸复溶并定容至 25mL，取溶解液经 0.45μm 滤膜过滤后待测。采用氨基酸自动分析仪对游离氨基酸进行测定，根据标准品的出峰时间及峰面积计算样品中各游离氨基酸含量。

6.4.1.4 有机酸分析

称取各香菇样品 0.5000g（以干重计），加入 0.01mol/L 的 KH_2PO_4 溶液（pH=2.80）10mL，于 45℃下超声提取 30min。在 4000r/min 转速下进行 20min 离心，最后取上清液定容 10mL。取溶解液经 0.45μm 滤膜过滤后待测。

色谱条件：采用 Zorbax Eclipse XDB-C_{18}（250mm×4.6mm，5μm）色谱柱，柱温 25℃；流动相为 KH_2PO_4（0.01mol/L，pH=2.80）-甲醇（95∶5，V/V），流速为 0.6mL/min；进样量 20μL；采用紫外检测器，检测波长为 210nm。根据标准品的出峰时间及峰面积，绘制标准曲线计算样品中相应物质的含量。

6.4.1.5 等效鲜味浓度（EUC）测定

EUC 为味精（MSG，g/100g）的含量，鲜味氨基酸（Glu 为谷氨酸，Asp 为天冬氨酸）和 5′-核苷酸混合后的鲜味浓度 EUC 值计算如下：

$$Y=\sum a_i b_i + 1218(\sum a_i b_i)(\sum a_j b_j)$$

式中，Y 为样品的 EUC（g MSG/100 g）；a_i 为每种鲜味氨基酸（Asp 或 Glu）的浓度（g/100g 干原料重量）；b_i 为各鲜味氨基酸对味精的相对鲜味浓度（Asp=0.077，Glu=1）；a_j 是每个鲜味 5′-核苷酸（5′-GMP 或 5′-AMP）的浓度（g/100g 干重）；b_j 是每一个鲜味 5′-核苷酸的 RUC 与味精（5′-AMP=0.18 和 5′-GMP=2.3）的 RUC；1218 是一个基于所使用浓度（g/100g）的协同常数。

6.4.1.6 等效鲜味浓度（EUC）测定

采用 Excel、Origin 和 SPSS Statistics 22 软件对数据进行处理和统计分析。每组试验平行测定 3 次，结果以平均值±标准差表示。

6.4.2 干燥过程中可溶性糖和糖醇的变化

可溶性糖和多元醇是影响香菇风味和甜度的重要成分。甘露醇、海藻糖和阿拉伯糖是食用菌中主要的可溶性糖或糖醇。IR-SBD 过程中香菇中可溶性糖和多元醇含量见表 6-8。结果表明，甘露醇含量最高，其次是果糖和海藻糖。该观察结果与 Cardoso 等此前报道的结果一致。总的来说，随着干燥时间的延长，样品的可溶性糖和多元醇含量均显著增加（$p<0.05$），然后显著降低（$p<0.05$）。在风速为 8.5m/s 时，总含量达到最大值 137.52mg/g 干重，然后下降到 106.51mg/g 干重。有学者研究表明香菇中甘露醇含量较高，其含量为 83.99～107.45mg/g（以干重计）。这可能是由于随着香菇干燥过程中温度的升高，酶被激活，促使大分子糖代谢，导致甘露醇含量增加。此外，在干燥过程中高温会发生美拉德反应和热分解，使游离可溶性糖的还原性降低。同时，样品中水分含量影响美拉德反应的反应速率，水分含量高的样品，反应物的浓度将被稀释和分散，美拉德反应更加难以发生，但是样品中水分含量中等及以下更容易发生美拉德反应。本研究得出，样品在干燥中后期水分含量较低，可溶性糖和糖醇含量明显下降，这可能是由美拉德反应引起的。随着温度和气流速度的增加，干燥速率增加，而干燥时间和美拉德反应时间减少。因此，提高温度和气流速度不仅可以减少美拉德反应造成的含量损失，还可以提高可溶性糖和糖醇的保留率。总体而言，与鲜香菇相比，干香菇样品在 55℃、8.0m/s 条件下，可溶性糖和糖醇的保留率更好。

表 6-8 红外喷动床干燥过程中香菇可溶性糖和多元醇含量的变化

干燥时间/min		可溶性糖和多元醇含量/(mg/g 干重)				
		阿拉伯糖	甘露醇	海藻糖	果糖	总量
条件	新鲜	3.02±0.02	85.16±1.16	7.96±0.12	9.33±0.05	105.47±1.35
45℃ 8.0m/s	40	2.77±0.02^{e}	84.96±2.01^{b,c}	7.99±0.20^{c}	9.38±0.16^{e}	105.10±2.39^{d,e}
	80	3.05±0.03^{d}	85.26±1.06^{b,c}	8.27±0.51^{c}	9.52±0.25^{e}	106.10±1.85^{d,e}
	120	3.62±0.01^{c}	86.50±1.94^{b,c}	9.32±0.66^{b}	10.34±0.34^{d}	109.78±2.95^{c,d}
	160	3.70±0.05^{b}	87.79±0.98^{a,b}	10.85±0.31^{a}	15.43±0.15^{b}	117.77±1.49^{b}
	200	4.31±0.01^{a}	90.11±1.62^{a}	11.46±0.09^{a}	18.58±0.60^{a}	124.46±2.32^{a}
	240	3.62±0.05^{c}	87.77±2.04^{a,b}	9.29±0.41^{b}	12.77±0.52^{c}	113.45±3.02^{b,c}
	280	2.46±0.04^{f}	83.99±2.09^{d}	7.90±0.82^{c}	9.13±0.41^{e}	103.48±3.36^{e}
50℃ 8.0m/s	40	3.55±0.04^{d}	85.00±1.46^{b,c}	7.96±0.36^{c}	9.67±0.22^{d}	106.18±2.08^{c,d}
	80	3.77±0.02^{c}	86.28±1.73^{b,c}	8.63±0.72^{c}	10.77±0.36^{c}	109.45±2.83^{b,c}
	120	3.92±0.03^{b}	87.56±1.69^{b}	9.77±0.76^{b}	10.89±0.41^{c}	112.14±2.89^{b}
	160	4.53±0.03^{a}	91.56±1.57^{a}	12.88±0.15^{a}	12.58±0.61^{b}	121.55±2.36^{a}
	200	3.49±0.02^{e}	86.42±1.38^{b,c}	10.14±0.54^{b}	13.28±0.25^{a}	113.33±2.19^{b}
	240	2.74±0.01^{f}	84.48±1.58^{c}	7.93±0.82^{c}	9.24±0.21^{d}	104.39±2.62^{d}

续表

干燥时间/min		可溶性糖和多元醇含量/(mg/g 干重)				
		阿拉伯糖	甘露醇	海藻糖	果糖	总量
55℃ 8.0m/s	40	3.46±0.01^{c}	85.27±1.69^{c}	8.26±0.83^{c}	9.48±0.11^{d}	106.47±2.64^{b,c}
	80	3.97±0.05^{b}	86.96±1.82^{b,c}	8.49±0.61^{c}	9.77±0.09^{c}	109.19±2.57^{b}
	120	4.49±0.06^{a}	92.02±1.22^{a}	10.74±0.51^{b}	11.33±0.08^{b}	118.58±1.87^{a}
	160	3.46±0.04^{c}	88.56±1.64^{b}	14.92±0.55^{a}	15.15±0.16^{a}	122.09±2.39^{a}
	200	2.95±0.04^{d}	84.51±1.44^{c}	8.04±0.24^{c}	9.30±0.17^{d}	104.80±1.89^{c}
60℃ 8.0m/s	40	3.17±0.05^{c}	85.84±1.36^{b}	7.98±0.26^{b}	9.55±0.43^{c}	106.54±2.10^{b}
	80	3.40±0.03^{b}	87.27±1.28^{b}	8.51±0.88^{b}	10.75±0.45^{b}	109.93±2.64^{b}
	120	4.98±0.03^{a}	92.78±1.77^{a}	11.83±0.45^{a}	16.77±0.25^{a}	126.36±2.50^{a}
	160	2.98±0.05^{d}	85.13±1.75^{b}	8.11±0.53^{b}	9.34±0.27^{c}	105.56±2.60^{b}
55℃ 7.0m/s	40	3.07±0.06^{e}	85.74±1.51^{c}	8.06±0.62^{c}	9.55±0.51^{d}	106.42±2.70^{d,e}
	80	3.90±0.06^{c}	86.54±0.99^{c}	8.32±0.15^{b,c}	9.90±0.53^{c,d}	108.66±1.73^{c,d}
	120	3.99±0.02^{b}	90.10±1.05^{b}	8.87±0.66^{b,c}	10.55±0.53^{b,c}	113.51±2.26^{c}
	160	4.20±0.01^{a}	94.15±2.06^{a}	9.54±0.71^{b}	11.30±0.42^{b}	119.19±3.20^{b}
	200	4.25±0.05^{a}	95.85±2.01^{a}	10.97±0.91^{a}	13.85±0.43^{a}	124.92±3.40^{a}
	240	3.43±0.05^{d}	87.52±2.22^{b,c}	8.54±0.88^{b,c}	10.44±0.33^{c}	109.93±3.48^{c,d}
	280	2.81±0.03^{f}	84.22±2.34^{c}	7.81±0.63^{c}	9.26±0.41^{d}	104.10±3.41^{e}
55℃ 7.5m/s	40	3.19±0.04^{e}	86.75±2.09^{b}	8.66±0.47^{c,d}	9.52±0.40^{b,c}	108.12±3.00^{c}
	80	3.57±0.04^{d}	87.26±1.17^{b}	8.82±0.72^{c,d}	9.96±0.52^{b,c}	109.61±2.45^{c}
	120	4.00±0.02^{b}	101.05±1.74^{a}	9.15±0.33^{c}	10.18±0.52^{b}	124.38±2.61^{b}
	160	4.55±0.02^{a}	103.89±1.83^{a}	14.78±0.46^{a}	11.10±0.23^{a}	134.32±2.54^{a}
	200	3.72±0.01^{c}	97.49±1.67^{b}	10.98±0.19^{b}	10.12±0.26^{b}	122.31±2.13^{b}
	240	2.97±0.06^{f}	85.14±1.52^{c}	7.96±0.55^{d}	9.29±0.09^{c}	105.36±2.22^{c}
55℃ 8.0m/s	40	3.22±0.02^{d}	85.70±1.33^{c}	8.79±0.80^{c}	9.59±0.18^{c,d}	107.30±2.33^{c,d}
	80	3.54±0.05^{c}	87.88±1.49^{b,c}	9.93±0.73^{b}	9.99±0.27^{c}	111.34±2.54^{b,c}
	120	3.85±0.01^{b}	90.28±1.52^{b}	10.04±0.39^{b}	10.77±0.24^{b}	114.94±2.16^{b}
	160	4.66±0.02^{a}	106.41±2.67^{a}	11.80±0.43^{a}	12.15±0.52^{a}	135.02±3.64^{a}
	200	3.00±0.03^{e}	85.42±2.33^{c}	8.04±0.51^{c}	9.32±0.33^{d}	105.78±3.20^{d}
55℃ 8.5m/s	40	3.29±0.02^{b}	88.40±1.46^{d}	8.27±0.22^{b}	9.55±0.41^{d}	109.51±2.11^{d}
	80	3.31±0.05^{b}	93.17±1.28^{c}	8.41±0.81^{b}	10.40±0.22^{c}	115.29±2.36^{c}
	120	4.36±0.06^{a}	100.63±1.33^{b}	9.97±0.22^{a}	12.77±0.34^{b}	127.73±1.95^{b}
	160	4.39±0.05^{a}	107.45±1.55^{a}	10.66±0.36^{a}	15.02±0.25^{a}	137.52±2.21^{a}
	200	2.95±0.02^{c}	85.93±2.18^{d}	8.12±0.38^{b}	9.43±0.60^{d}	106.43±3.18^{d}

6.4.3 干燥过程中呈味核苷酸的变化

食用菌中主要的鲜味核苷酸为5′-核苷酸，5′-GMP、5′-UMP、5′-CMP和5′-AMP等具有很强的助鲜作用。表6-9显示了不同干燥阶段的香菇5′-核苷酸总含量。在干燥过程中，5′-核苷酸总含量在5.59～8.15mg/g（干重）范围内波动。5′-CMP含量为1.07～2.03mg/g（干重），是5′-核苷酸的主要成分。5′-GMP赋予肉的味道，5′-AMP提供甜味，同时也是一种有效的苦味抑制剂。5′-核苷酸和风味相关成分的协同作用可能会大大提高香菇的鲜味。结果表明，5′-GMP和5′-AMP含量与5′-核苷酸总量变化相似，其含量在干燥过程中的中前期显著（$p<0.05$）降低且低于鲜香菇中的含量，伴随着水分流失，香菇中各种核苷酸的含量及其比例也在发生变化。而在干燥的中后期，5′-核苷酸含量显著升高（$p<0.05$），这与干燥过程中香菇DNA或RNA热降解有关，受温度和喷动运动的影响，细胞会发生一定程度的破裂，其细胞中的核糖核酸酶更充分地作用于核糖核酸。香菇在不同干燥条件下，5′-核苷酸含量在干燥后期表现出不同程度的上升趋势，且干香菇的含量均显著高于鲜样中的含量（$p<0.05$）。本试验中所得干制香菇的5′-核苷酸总量增加，该结果与Dermiki等的研究结果相似，表明香菇红外喷动床干燥有利于提高香菇含有的呈味核苷酸的保留率，在干燥条件为出风风温55℃、出风风速8.5m/s时效果更佳。

表6-9 红外喷动床干燥过程中香菇5′-核苷酸含量的变化

干燥时间/min		5′-核苷酸含量/(mg/g干重)				
		5′-CMP	5′-AMP	5′-GMP	5′-UMP	总量
条件	鲜样	1.62±0.02	1.87±0.05	1.36±0.06	1.42±0.05	6.27±0.18
45℃ 8.0m/s	40	1.72±0.02^{d}	1.86±0.06^{c}	1.43±0.06^{c}	1.63±0.05^{c}	6.64±0.19^{c}
	80	1.75±0.05^{c,d}	1.69±0.06^{d}	1.36±0.05^{d}	1.22±0.02^{d}	6.02±0.18^{d}
	120	1.30±0.04^{e}	1.57±0.02^{e}	1.65±0.04^{b}	1.19±0.02^{d}	5.71±0.12^{e}
	160	1.07±0.02^{f}	1.47±0.02^{f}	1.70±0.04^{b}	1.68±0.03^{b,c}	5.92±0.11^{d,e}
	200	1.80±0.01^{c}	1.88±0.03^{c}	1.77±0.02^{a}	1.70±0.04^{a,b,c}	7.15±0.10^{b}
	240	1.87±0.03^{b}	1.99±0.03^{b}	1.79±0.02^{a}	1.73±0.08^{a,b}	7.38±0.16^{a,b}
	280	1.97±0.04^{a}	2.09±0.09^{a}	1.80±0.03^{a}	1.78±0.08^{a}	7.64±0.24^{a}

续表

干燥时间/min		5′-核苷酸含量/(mg/g 干重)				
		5′-CMP	5′-AMP	5′-GMP	5′-UMP	总量
50℃ 8.0m/s	40	1.61 ± 0.05^{b}	1.89 ± 0.09^{b}	1.35 ± 0.05^{d}	1.60 ± 0.07^{b}	6.45 ± 0.26^{c}
	80	1.68 ± 0.05^{b}	1.75 ± 0.04^{c}	1.30 ± 0.05^{d}	1.26 ± 0.06^{c}	5.99 ± 0.20^{d}
	120	1.22 ± 0.04^{d}	1.55 ± 0.04^{d}	1.59 ± 0.06^{c}	1.24 ± 0.02^{c}	5.60 ± 0.16^{e}
	160	1.38 ± 0.04^{c}	1.47 ± 0.02^{d}	$1.67 \pm 0.08^{b,c}$	1.18 ± 0.03^{c}	$5.70 \pm 0.17^{d,e}$
	200	1.63 ± 0.01^{b}	1.92 ± 0.08^{b}	$1.77 \pm 0.07^{a,b}$	1.72 ± 0.04^{a}	7.04 ± 0.20^{b}
	240	1.99 ± 0.03^{a}	2.16 ± 0.07^{a}	1.83 ± 0.03^{a}	1.79 ± 0.05^{a}	7.77 ± 0.18^{a}
55℃ 8.0m/s	40	1.79 ± 0.02^{b}	1.81 ± 0.01^{b}	1.56 ± 0.03^{c}	1.57 ± 0.05^{b}	$6.73 \pm 0.11^{b,c}$
	80	1.28 ± 0.02^{c}	1.69 ± 0.03^{c}	1.38 ± 0.02^{d}	1.24 ± 0.06^{c}	5.59 ± 1.13^{d}
	120	1.19 ± 0.06^{d}	1.52 ± 0.06^{d}	1.69 ± 0.09^{b}	1.66 ± 0.06^{a}	$6.06 \pm 0.27^{c,d}$
	160	1.94 ± 0.06^{a}	1.90 ± 0.05^{b}	1.74 ± 0.09^{b}	1.71 ± 0.02^{a}	$7.29 \pm 0.22^{a,b}$
	200	2.00 ± 0.04^{a}	2.37 ± 0.08^{a}	1.88 ± 0.05^{a}	1.74 ± 0.03^{a}	7.99 ± 0.20^{a}
60℃ 8.0m/s	40	1.52 ± 0.06^{c}	1.85 ± 0.08^{b}	1.56 ± 0.05^{c}	1.59 ± 0.01^{b}	6.52 ± 0.20^{c}
	80	1.29 ± 0.03^{d}	1.67 ± 0.09^{c}	1.36 ± 0.02^{d}	1.33 ± 0.07^{c}	5.65 ± 0.21^{d}
	120	1.84 ± 0.02^{b}	1.95 ± 0.04^{b}	1.65 ± 0.02^{b}	$1.69 \pm 0.07^{a,b}$	7.13 ± 0.15^{b}
	160	2.03 ± 0.05^{a}	2.38 ± 0.04^{a}	1.78 ± 0.01^{a}	1.73 ± 0.09^{a}	7.92 ± 0.19^{a}
55℃ 7.0m/s	40	1.64 ± 0.03^{c}	1.82 ± 0.07^{b}	1.33 ± 0.03^{d}	1.38 ± 0.09^{c}	6.17 ± 0.22^{b}
	80	1.69 ± 0.02^{c}	1.68 ± 0.07^{c}	1.22 ± 0.03^{e}	1.24 ± 0.05^{d}	5.83 ± 0.17^{b}
	120	1.28 ± 0.06^{e}	1.64 ± 0.06^{c}	1.67 ± 0.05^{c}	1.20 ± 0.03^{d}	5.79 ± 1.20^{b}
	160	1.39 ± 0.01^{d}	1.61 ± 0.06^{c}	1.77 ± 0.06^{b}	1.15 ± 0.06^{d}	5.92 ± 0.19^{b}
	200	1.88 ± 0.02^{a}	$1.90 \pm 0.02^{a,b}$	$1.82 \pm 0.04^{a,b}$	1.52 ± 0.06^{b}	7.12 ± 0.14^{a}
	240	1.76 ± 0.05^{b}	1.95 ± 0.02^{a}	$1.85 \pm 0.07^{a,b}$	1.65 ± 0.07^{a}	7.21 ± 0.21^{a}
	280	1.86 ± 0.04^{a}	1.99 ± 0.05^{a}	1.90 ± 0.07^{a}	1.68 ± 0.08^{a}	7.43 ± 0.24^{a}
55℃ 7.5m/s	40	1.70 ± 0.06^{c}	1.84 ± 0.05^{c}	1.32 ± 0.08^{c}	1.30 ± 0.05^{c}	6.16 ± 0.24^{c}
	80	$1.74 \pm 0.02^{b,c}$	1.64 ± 0.06^{d}	1.22 ± 0.05^{c}	1.18 ± 0.05^{d}	5.78 ± 0.18^{d}
	120	1.12 ± 0.05^{e}	1.78 ± 0.01^{c}	1.50 ± 0.05^{b}	1.60 ± 0.03^{b}	$6.00 \pm 0.14^{c,d}$
	160	1.30 ± 0.05^{d}	1.94 ± 0.02^{b}	1.64 ± 0.08^{a}	$1.66 \pm 0.02^{a,b}$	6.54 ± 0.17^{b}
	200	1.80 ± 0.03^{b}	$1.97 \pm 0.06^{a,b}$	1.71 ± 0.08^{a}	1.74 ± 0.01^{a}	7.22 ± 0.18^{a}
	240	1.91 ± 0.03^{a}	2.03 ± 0.03^{a}	1.75 ± 0.06^{a}	1.75 ± 0.09^{a}	7.44 ± 0.21^{a}

续表

干燥时间/min		5′-核苷酸含量/(mg/g 干重)				
		5′-CMP	5′-AMP	5′-GMP	5′-UMP	总量
55℃ 8.0m/s	40	1.62 ± 0.02^{c}	1.86 ± 0.05^{d}	1.33 ± 0.06^{d}	1.43 ± 0.06^{c}	$6.24\pm0.19^{c,d}$
	80	1.66 ± 0.02^{c}	1.69 ± 0.08^{e}	1.26 ± 0.02^{d}	1.36 ± 0.05^{c}	$5.97\pm0.17^{d,e}$
	120	1.27 ± 0.05^{e}	$1.94\pm0.09^{b,c}$	1.27 ± 0.02^{d}	1.26 ± 0.04^{d}	5.74 ± 0.20^{e}
	160	1.36 ± 0.04^{d}	$1.95\pm0.04^{b,c}$	1.48 ± 0.03^{c}	1.62 ± 0.04^{b}	6.41 ± 0.15^{c}
	200	1.75 ± 0.04^{b}	1.99 ± 0.04^{b}	1.71 ± 0.04^{b}	1.68 ± 0.03^{b}	7.13 ± 0.15^{b}
	240	1.97 ± 0.06^{a}	2.15 ± 0.05^{a}	1.83 ± 0.04^{a}	1.80 ± 0.03^{a}	7.75 ± 0.18^{a}
55℃ 8.5m/s	40	1.63 ± 0.02^{c}	1.92 ± 0.05^{d}	1.44 ± 0.02^{b}	1.36 ± 0.02^{c}	6.35 ± 0.11^{d}
	80	1.56 ± 0.02^{d}	1.84 ± 0.06^{d}	1.37 ± 0.06^{b}	1.30 ± 0.01^{c}	6.07 ± 0.15^{d}
	120	1.36 ± 0.03^{e}	2.09 ± 0.06^{c}	1.88 ± 0.08^{a}	1.56 ± 0.05^{b}	6.89 ± 0.22^{c}
	160	1.71 ± 0.03^{b}	2.18 ± 0.02^{b}	1.90 ± 0.07^{a}	1.63 ± 0.06^{b}	7.42 ± 0.18^{b}
	200	2.01 ± 0.04^{a}	2.38 ± 0.02^{a}	1.93 ± 0.07^{a}	1.83 ± 0.08^{a}	8.15 ± 0.22^{a}

注：a，b，c，d 表质量等级。

6.4.4 干燥过程中游离氨基酸的变化

如图 6-6、图 6-7 和表 6-10、表 6-11 所示，香菇鲜样的游离氨基酸总量为 37.43mg/g。在不同出风风温条件下，游离氨基酸的总量在 55℃、8.0m/s 条件下，干燥至 120min 时达到整个干燥过程的峰值。温度越高，干燥后香菇的游离氨基酸总量增加越明显（$p<0.05$），最高达 57.34mg/g。苏氨酸占比最大（27.82%～28.41%），丝氨酸和谷氨酸含量增加显著（$p<0.05$）。香菇样品在干燥前期游离氨基酸的含量增加，可能是蛋白质水解产生大量的游离氨基酸。随着干燥的进行，结合可溶性糖（醇）的含量变化推测，高温促进某些氨基酸和可溶性糖的缩合形成糖胺，发生美拉德反应和 Strecker 降解，消耗了部分游离氨基酸，导致氨基酸含量在中后期有所降低。温度升高有助于脂质氧化、蛋白质氧化和水解反应等反应加速，形成甜、酸、苦等滋味物质，这些物质构成食物的味道，因此干燥后的样品甜味氨基酸（Thr＋Ser＋Gly＋Ala＋Pro）、苦味氨基酸（Val＋Met＋Ile＋Leu＋Phe＋His＋Arg）、鲜味氨基酸（Asp＋Glu）和无味氨基酸（Cys＋Tyr＋Lys）含量显著高于鲜样中的含量（$p<0.05$）。结果表明，香菇中含有的较多的味精成分、甜味成分、可溶性总糖和多元醇能抑制和掩盖香菇的苦味。此外，高效率的红外喷动床干燥方法有助于保持香菇的风味成分。

表 6-10 红外喷动床干燥过程中不同出风风温条件下的香菇游离氨基酸含量的变化

干燥时间/min	游离氨基酸含量/(mg/g 干重)																
	Asp	Glu	Thr	Ser	Gly	Ala	Pro	Val	Met	Ile	Leu	Phe	His	Arg	Cys	Tyr	Lys
鲜样	3.39±0.15	2.33±0.05	10.82±0.23	1.26±0.06	1.37±0.02	2.61±0.06	0.95±0.01	1.65±0.02	0.15±0.01	0.69±0.01	2.01±0.05	2.28±0.02	1.14±0.01	2.53±0.02	0.88±0.01	0.66±0.02	2.71±0.01
A-40	3.45±$0.21^{b,c}$	2.53±0.03^{e}	12.32±0.41^{b}	2.54±0.01^{d}	1.41±0.06^{b}	2.69±0.11^{d}	0.93±0.03^{d}	1.64±0.03^{d}	0.14±0.02^{f}	0.64±0.02^{b}	2.03±0.02^{c}	2.27±0.06^{d}	1.05±0.02^{c}	2.52±0.03^{e}	0.94±0.02^{e}	0.87±0.02^{e}	2.73±0.02^{e}
80	3.62±$0.18^{a,b}$	3.28±0.05^{d}	13.74±0.30^{a}	2.66±0.05^{c}	1.47±0.03^{b}	2.91±0.05^{c}	1.02±0.01^{c}	1.70±$0.05^{c,d}$	0.23±0.02^{e}	0.58±0.02^{c}	2.37±0.03^{b}	2.33±$0.04^{c,d}$	1.19±0.02^{b}	2.74±0.03^{d}	0.97±0.02^{e}	0.96±0.01^{d}	2.90±0.03^{d}
120	3.88±0.22^{a}	3.96±0.06^{c}	13.94±0.08^{a}	3.08±0.02^{b}	1.56±0.01^{a}	3.11±0.07^{b}	1.10±0.02^{b}	1.71±0.06^{c}	0.31±0.01^{d}	0.57±0.01^{c}	2.45±0.05^{a}	2.39±0.10^{c}	1.22±0.02^{b}	2.82±0.05^{c}	1.16±0.03^{d}	1.01±0.01^{c}	3.07±0.01^{c}
160	3.92±0.15^{a}	4.16±0.04^{b}	12.71±0.16^{b}	3.16±0.06^{a}	1.58±0.05^{a}	3.32±0.02^{a}	1.15±0.04^{a}	1.80±0.01^{b}	0.54±0.01^{b}	0.66±0.03^{b}	2.48±0.02^{a}	2.56±0.01^{b}	1.33±0.01^{a}	3.07±0.06^{b}	1.33±0.01^{c}	1.49±0.04^{b}	3.24±0.01^{b}
200	3.33±$0.19^{b,c,d}$	4.72±0.02^{a}	10.34±0.39^{c}	2.44±0.01^{e}	1.15±0.07^{c}	2.44±0.09^{e}	0.82±0.02^{e}	1.87±0.02^{a}	0.59±0.02^{a}	0.79±0.06^{a}	1.76±0.02^{d}	2.68±0.03^{a}	1.02±0.01^{c}	3.20±0.02^{a}	1.46±0.01^{a}	1.59±0.04^{a}	3.33±0.02^{a}
240	3.28±$0.12^{c,d}$	4.21±0.17^{b}	9.04±0.23^{d}	1.97±0.05^{f}	1.10±$0.03^{c,d}$	2.23±0.12^{f}	0.72±0.03^{f}	1.48±0.02^{e}	0.35±0.01^{c}	0.54±$0.02^{c,d}$	1.60±0.06^{e}	1.78±0.05^{e}	0.87±0.03^{d}	2.36±0.02^{f}	1.38±0.02^{b}	1.02±0.02^{c}	2.89±0.03^{d}
280	3.01±0.16^{d}	2.09±0.15^{f}	8.98±0.11^{d}	1.37±0.07^{g}	1.05±0.01^{d}	2.16±0.11^{f}	0.70±0.01^{f}	1.43±0.03^{e}	0.12±0.01^{f}	0.51±0.03^{d}	1.54±0.01^{e}	1.73±0.02^{e}	0.76±0.02^{e}	2.23±0.01^{g}	0.74±0.03^{f}	0.66±0.01^{f}	2.52±0.04^{f}
B-40	3.05±0.22^{d}	3.28±0.06^{c}	11.95±0.31^{c}	2.44±0.06^{d}	1.35±0.02^{b}	2.84±$0.07^{b,c}$	0.90±0.02^{d}	1.63±0.06^{b}	0.17±0.01^{d}	0.65±0.02^{d}	1.98±0.08^{b}	2.24±0.02^{c}	1.10±0.03^{c}	2.53±0.02^{e}	0.79±$0.03^{d,e}$	0.78±0.03^{d}	2.82±0.05^{c}
80	4.05±0.23^{b}	3.60±0.11^{c}	13.59±$0.50^{a,b}$	2.95±0.01^{c}	1.39±0.05^{b}	3.32±0.31^{b}	1.05±0.03^{c}	1.79±0.01^{a}	0.44±0.01^{b}	0.72±0.02^{c}	2.04±0.04^{b}	2.43±0.03^{b}	1.15±$0.03^{b,c}$	2.79±0.01^{d}	1.06±0.02^{c}	0.90±0.02^{c}	3.26±0.05^{b}

续表

干燥时间/min	游离氨基酸含量/(mg/g 干重)																
	Asp	Glu	Thr	Ser	Gly	Ala	Pro	Val	Met	Ile	Leu	Phe	His	Arg	Cys	Tyr	Lys
120	4.11±0.27[b]	5.94±0.15[b]	13.82±0.21[a]	3.05±0.02[b]	1.43±0.06[b]	3.37±0.20[b]	1.13±0.01[b]	1.82±0.02[a]	0.57±0.02[a]	0.81±0.04[b]	2.09±0.05[b]	2.50±0.03[b]	1.20±0.01[a,b]	2.97±0.01[c]	1.14±0.02[b]	1.12±0.02[b]	3.31±0.09[b]
160	4.96±0.15[a]	6.65±0.20[a]	13.18±0.29[b]	3.20±0.06[a]	1.97±0.08[a]	3.92±0.41[a]	1.25±0.02[a]	1.84±0.04[a]	0.58±0.03[a]	1.05±0.04[a]	2.55±0.05[a]	2.65±0.05[a]	1.25±0.05[a]	3.30±0.06[b]	1.58±0.02[a]	1.43±0.03[a]	3.45±0.09[a]
200	4.70±0.14[a]	6.04±0.08[b]	10.34±0.17[d]	2.01±0.03[e]	1.10±0.06[c]	2.54±0.43[c,d]	0.84±0.03[e]	1.56±0.03[c]	0.32±0.01[c]	0.71±0.01[c]	1.64±0.06[c]	1.78±0.01[d]	0.81±0.01[d]	3.39±0.05[a]	0.77±0.01[e]	1.11±0.01[b]	3.22±0.02[b]
240	3.66±0.20[c]	2.27±0.19[d]	9.07±0.26[e]	1.41±0.05[f]	1.08±0.04[c]	2.24±0.11[d]	0.80±0.01[f]	1.51±0.05[c]	0.14±0.01[e]	0.56±0.02[e]	1.61±0.07[c]	1.73±0.07[d]	0.76±0.02[d]	2.57±0.03[e]	0.81±0.01[d]	0.69±0.02[e]	2.61±0.02[d]
C-40	3.45±0.16[c]	3.50±0.06[c]	11.75±0.09[d]	2.70±0.03[b]	1.47±0.03[c]	2.67±0.05[b,c]	0.91±0.03[c]	1.64±0.01[d]	0.16±0.01[d]	0.70±0.02[b]	2.08±0.02[c]	2.23±0.09[b]	1.19±0.02[b]	2.51±0.04[d]	0.94±0.01[d]	0.94±0.03c	3.08±0.03[c]
80	3.92±0.22[b]	5.87±0.11[b]	12.63±0.13[c]	2.55±0.06[c]	1.67±0.01[b]	3.70±0.09[a]	1.20±0.04[b]	1.78±0.06[c]	0.28±0.02[c]	0.85±0.03[a]	2.31±0.03[b]	2.33±0.05[b]	1.26±0.03[a]	2.61±0.05[c]	1.43±0.03[c]	1.28±0.03[b]	3.19±0.03[b]
120	5.04±0.20[a]	6.87±0.13[a]	15.95±0.52[a]	3.51±0.06[a]	1.94±0.02[a]	3.89±0.66[a]	1.39±0.03[a]	1.98±0.01[a]	0.58±0.01[a]	0.88±0.03[a]	2.64±0.02[a]	2.53±0.06[a]	1.28±0.03[a]	2.73±0.06[b]	1.50±0.02[b]	1.44±0.01[a]	3.20±0.04[b]
160	4.20±0.16[b]	6.16±0.22[b]	13.25±0.22[b]	2.09±0.01[d]	1.50±0.06[c]	3.04±0.15[b]	0.93±0.03[c]	1.88±0.02[b]	0.45±0.03[b]	0.77±0.05[b]	1.87±0.03[d]	2.57±0.01[a]	1.01±0.03[c]	3.43±0.02[a]	1.59±0.03[a]	1.45±0.01[a]	3.49±0.05[a]
200	3.11±0.16[d]	2.52±0.24[d]	10.59±0.43[e]	1.49±0.02[e]	1.10±0.02[d]	2.36±0.29[c]	0.82±0.02[d]	1.54±0.02[e]	0.14±0.01[d]	0.56±0.06[c]	1.63±0.08[e]	1.95±0.03[c]	0.82±0.04[d]	2.48±0.02[d]	0.84±0.02[e]	0.70±0.02[d]	2.73±0.06[d]
D-40	3.80±0.19[b]	5.12±0.16[b]	11.73±0.24[d]	1.70±0.08[c]	1.26±0.03[c]	2.69±0.30[b,c]	0.96±0.02[b]	1.67±0.04[b]	0.17±0.01[d]	0.67±0.01[c]	2.07±0.09[c]	2.32±0.12[b]	1.15±0.04[c]	2.58±0.04[c]	0.98±0.02[c]	1.23±0.04[c]	2.63±0.01[d]

续表

干燥时间/min	游离氨基酸含量/(mg/g 干重)																
	Asp	Glu	Thr	Ser	Gly	Ala	Pro	Val	Met	Ile	Leu	Phe	His	Arg	Cys	Tyr	Lys
80	5.14±0.20^{a}	5.66±0.05^{a}	15.18±0.20^{a}	2.40±0.03^{a}	1.49±0.05^{a}	3.83±0.34^{a}	1.26±0.04^{a}	1.88±0.01^{a}	0.50±0.01^{a}	0.71±0.03^{b}	2.50±0.01^{b}	2.42±0.05^{b}	1.24±0.01^{b}	3.08±0.07^{b}	1.38±0.03^{b}	1.52±0.04^{b}	3.39±0.01^{b}
120	4.96±0.15^{a}	5.50±0.07^{a}	13.15±0.16^{b}	1.99±0.06^{b}	1.36±0.04^{b}	3.40±0.71^{a,b}	0.91±0.01^{c}	1.90±0.03^{a}	0.22±0.01^{b}	0.83±0.02^{a}	2.67±0.02^{a}	2.66±0.06^{a}	1.31±0.01^{a}	3.74±0.02^{a}	1.61±0.01^{a}	1.60±0.02^{a}	3.47±0.02^{a}
160	3.20±0.13^{c}	3.67±0.10^{c}	12.65±0.11^{c}	1.55±0.05^{d}	1.22±0.03^{c}	2.50±0.08^{c}	0.88±0.01^{c}	1.53±0.01^{c}	0.19±0.01^{c}	0.60±0.01^{d}	1.97±0.03^{d}	2.00±0.05^{c}	0.93±0.02^{d}	2.31±0.03^{d}	0.97±0.03^{c}	0.74±0.01^{d}	2.95±0.03^{c}

注：干燥条件为 a—45℃、8.0m/s，b—50℃、8.0m/s，c—55℃、8.0m/s，d—60℃、8.0m/s。

表 6-11 红外喷动床干燥过程中不同出风风速条件下的香菇游离氨基酸含量的变化

干燥时间/min	游离氨基酸/(mg/g 干重)																
	Asp	Glu	Thr	Ser	Gly	Ala	Pro	Val	Met	Ile	Leu	Phe	His	Arg	Cys	Tyr	Lys
鲜样	3.39±0.15	2.33±0.05	10.82±0.23	1.26±0.06	1.37±0.02	2.61±0.06	0.95±0.01	1.65±0.02	0.15±0.01	0.69±0.01	2.01±0.05	2.28±0.02	1.14±0.01	2.53±0.02	0.88±0.01	0.66±0.02	2.71±0.01
E-40	3.45±0.12^{b,c}	2.53±0.12^{e}	12.32±0.33^{b}	2.54±0.01^{d}	1.41±0.02^{c}	2.69±0.10^{d}	0.93±0.02^{d}	1.64±0.03^{d}	0.14±0.01^{f}	0.64±0.02^{b}	2.03±0.04^{c}	2.27±0.06^{b}	1.05±0.02^{c}	2.52±0.01^{e}	0.94±0.02^{e}	0.87±0.02^{e}	2.73±0.02^{e}
80	3.62±0.11^{b}	3.28±0.05^{d}	13.74±0.41^{a}	2.66±0.01^{c}	1.47±0.03^{b}	2.91±0.10^{c}	1.02±0.02^{c}	1.70±0.01^{c}	0.23±0.01^{e}	0.58±0.02^{c}	2.37±0.01^{b}	2.33±0.08^{b}	1.19±0.02^{b}	2.74±0.02^{d}	0.97±0.02^{e}	0.96±0.03^{d}	2.90±0.02^{d}
120	3.88±0.09^{a}	3.96±0.03^{c}	13.94±0.21^{a}	3.08±0.04^{b}	1.56±0.03^{a}	3.11±0.02^{b}	1.10±0.03^{b}	1.71±0.01^{c}	0.31±0.01^{d}	0.57±0.01^{c}	2.45±0.01^{a}	2.39±0.08^{b}	1.22±0.01^{b}	2.82±0.02^{c}	1.16±0.01^{d}	1.01±0.03^{c}	3.07±0.04^{c}

续表

干燥时间/min	游离氨基酸/(mg/g 干重)																
	Asp	Glu	Thr	Ser	Gly	Ala	Pro	Val	Met	Ile	Leu	Phe	His	Arg	Cys	Tyr	Lys
160	3.92±0.13^{a}	4.16±0.11^{b}	12.71±0.26^{b}	3.16±0.02^{a}	1.58±0.01^{a}	3.32±0.03^{a}	1.15±0.01^{a}	1.80±0.02^{b}	0.54±0.02^{b}	0.66±0.01^{b}	2.48±0.02^{a}	2.56±0.10^{a}	1.33±0.03^{a}	3.07±0.01^{b}	1.33±0.03^{c}	1.49±0.04^{b}	3.24±0.04^{b}
200	3.33±0.12^{c}	4.72±0.12^{a}	10.34±0.28^{c}	2.44±0.02^{e}	1.15±0.01^{d}	2.44±0.05^{e}	0.82±0.02^{e}	1.87±0.02^{a}	0.59±0.03^{a}	0.79±0.01^{a}	1.76±0.02^{d}	2.68±0.06^{a}	1.02±0.03^{c}	3.20±0.05^{a}	1.46±0.02^{a}	1.59±0.01^{a}	3.33±0.05^{a}
240	3.28±0.15^{c}	4.21±0.09^{b}	9.04±0.36^{d}	1.97±0.03^{f}	1.10±0.02^{e}	2.23±0.06^{f}	0.72±0.01^{f}	1.48±0.03^{e}	0.35±0.01^{c}	0.54±0.02^{d}	1.60±0.03^{e}	1.78±0.05^{c}	0.87±0.02^{d}	2.36±0.05^{f}	1.38±0.03^{b}	1.02±0.01^{c}	2.89±0.05^{d}
280	3.01±0.13^{d}	2.49±0.08^{f}	8.98±0.35^{d}	1.37±0.05^{g}	1.05±0.02^{f}	2.16±0.06^{f}	0.70±0.01^{f}	1.43±0.05^{f}	0.12±0.01^{f}	0.51±0.02^{e}	1.54±0.05^{f}	1.73±0.05^{c}	0.76±0.01^{e}	2.23±0.06^{g}	0.74±0.03^{f}	0.66±0.02^{f}	2.52±0.08^{f}
F-40	3.05±0.18^{d}	3.28±0.14^{d}	11.95±0.43^{b}	2.44±0.04^{d}	1.35±0.03^{c}	2.84±0.07^{c}	0.90±0.01^{d}	1.63±0.04^{b}	0.17±0.01^{d}	0.65±0.02^{d}	1.98±0.06^{c}	2.24±0.08^{c}	1.10±0.01^{d}	2.53±0.01^{e}	0.79±0.01^{d,e}	0.78±0.02^{d}	2.82±0.08^{c}
80	4.05±0.16^{b}	3.60±0.12^{c}	13.59±0.51^{a}	2.95±0.06^{c}	1.39±0.03^{b,c}	3.32±0.05^{b}	1.05±0.02^{c}	1.79±0.05^{a}	0.44±0.02^{b}	0.72±0.03^{c}	2.04±0.05^{b,c}	2.43±0.08^{b}	1.15±0.03^{c}	2.79±0.04^{d}	1.06±0.01^{c}	0.90±0.03^{c}	3.26±0.07^{b}
120	4.11±0.11^{b}	5.94±0.12^{b}	13.82±0.29^{a}	3.05±0.01^{b}	1.43±0.01^{b}	3.37±0.05^{b}	1.13±0.02^{b}	1.82±0.06^{a}	0.57±0.02^{a}	0.81±0.03^{b}	2.09±0.04^{b}	2.50±0.07^{b}	1.20±0.03^{b}	2.97±0.03^{c}	1.14±0.02^{b}	1.12±0.05^{b}	3.31±0.06^{b}
160	4.96±0.15^{a}	6.65±0.16^{a}	13.18±0.26^{a}	3.20±0.02^{a}	1.97±0.04^{a}	3.92±0.09^{a}	1.25±0.03^{a}	1.84±0.06^{a}	0.58±0.02^{a}	1.05±0.01^{a}	2.55±0.04^{a}	2.65±0.06^{a}	1.25±0.02^{a}	3.30±0.02^{b}	1.58±0.03^{a}	1.43±0.05^{a}	3.45±0.01^{a}
200	4.70±0.15^{a}	6.04±0.16^{b}	10.34±0.26^{c}	2.01±0.02^{e}	1.10±0.01^{d}	2.54±0.04^{d}	0.84±0.03^{e}	1.56±0.06^{b,c}	0.32±0.03^{c}	0.71±0.01^{c}	1.64±0.03^{d}	1.78±0.05^{d}	0.81±0.01^{e}	3.39±0.05^{a}	0.77±0.02^{e}	1.11±0.06^{b}	3.22±0.02^{b}
240	3.66±0.13^{c}	2.37±0.08^{e}	9.07±0.37^{d}	1.41±0.03^{f}	1.08±0.02^{d}	2.24±0.02^{e}	0.80±0.01^{f}	1.51±0.01^{c}	0.14±0.01^{d}	0.56±0.05^{e}	1.61±0.03^{d}	1.73±0.10^{d}	0.76±0.03^{f}	2.57±0.05^{e}	0.81±0.02^{d}	0.69±0.06^{e}	2.61±0.05^{d}

续表

干燥时间/min	游离氨基酸/(mg/g 干重)																
	Asp	Glu	Thr	Ser	Gly	Ala	Pro	Val	Met	Ile	Leu	Phe	His	Arg	Cys	Tyr	Lys
G-40	3.45±0.13^{d}	3.50±0.08^{d}	11.75±0.31^{d}	2.70±0.03^{b}	1.47±0.02^{c}	2.67±0.08^{d}	0.91±0.01^{c}	1.64±0.02^{d}	0.16±0.01^{d}	0.70±0.06^{b}	2.08±0.02^{c}	2.23±0.11^{b}	1.19±0.03^{b}	2.51±0.06^{d}	0.94±0.01^{d}	0.94±0.05^{c}	3.08±0.06^{b}
80	3.92±0.12^{c}	5.87±0.15^{c}	12.63±0.32^{c}	2.55±0.05^{c}	1.67±0.01^{b}	3.70±0.08^{b}	1.20±0.02^{b}	1.78±0.03^{c}	0.28±0.01^{c}	0.85±0.01^{a}	2.31±0.01^{b}	2.33±0.12^{b}	1.26±0.02^{a}	2.61±0.03^{c}	1.43±0.02^{c}	1.28±0.05^{b}	3.19±0.08^{b}
120	5.04±0.12^{a}	6.87±0.16^{a}	15.95±0.33^{a}	3.51±0.05^{a}	1.94±0.01^{a}	3.89±0.04^{a}	1.39±0.03^{a}	1.98±0.05^{a}	0.58±0.03^{a}	0.88±0.05^{a}	2.64±0.02^{a}	2.53±0.11^{a}	1.28±0.02^{a}	2.73±0.04^{b}	1.50±0.02^{b}	1.44±0.03^{a}	3.20±0.09^{b}
160	4.20±0.12^{b}	6.16±0.15^{b}	13.25±0.19^{b}	2.09±0.02^{d}	1.50±0.03^{c}	3.04±0.06^{c}	0.93±0.03^{c}	1.88±0.04^{b}	0.45±0.02^{b}	0.77±0.01^{b}	1.87±0.02^{d}	2.57±0.08^{a}	1.01±0.01^{c}	3.43±0.01^{a}	1.59±0.03^{a}	1.45±0.03^{a}	3.49±0.09^{a}
200	3.11±0.12^{e}	2.52±0.07^{e}	10.59±0.40^{e}	1.49±0.02^{e}	1.10±0.03^{d}	2.36±0.05^{e}	0.82±0.02^{d}	1.54±0.04^{e}	0.14±0.02^{d}	0.56±0.05^{c}	1.63±0.03^{e}	1.95±0.08^{c}	0.82±0.02^{d}	2.48±0.02^{d}	0.84±0.03^{e}	0.70±0.01^{d}	2.73±0.04^{c}
H-40	3.80±0.13^{b}	5.12±0.15^{b}	11.73±0.51^{c}	1.70±0.01^{c}	1.26±0.02^{d}	2.69±0.11^{c}	0.96±0.02^{c}	1.67±0.02^{c}	0.17±0.01^{c,d}	0.67±0.06^{b}	2.07±0.01^{c}	2.32±0.06^{c}	1.15±0.01^{c}	2.58±0.02^{d}	0.98±0.01^{d}	1.23±0.02^{c}	2.63±0.05^{e}
80	5.14±0.15^{a}	5.66±0.15^{a}	15.18±0.44^{a}	2.40±0.03^{a}	1.49±0.02^{a}	3.83±0.11^{a}	1.26±0.02^{a}	1.88±0.02^{a}	0.50±0.01^{a}	0.71±0.04^{b}	2.50±0.02^{b}	2.42±0.04^{b}	1.24±0.01^{b}	3.08±0.03^{b}	1.38±0.02^{b}	1.52±0.01^{b}	3.39±0.04^{b}
120	4.96±0.15^{a}	5.50±0.16^{a}	13.15±0.16^{b}	1.99±0.04^{b}	1.36±0.01^{b}	3.40±0.10^{b}	1.02±0.01^{b}	1.90±0.03^{a}	0.22±0.01^{b}	0.83±0.04^{b}	2.67±0.03^{a}	2.66±0.05^{a}	1.31±0.02^{a}	3.74±0.02^{a}	1.61±0.01^{a}	1.60±0.03^{a}	3.47±0.06^{a}
160	3.40±0.14^{c}	3.67±0.08^{c}	11.65±0.36^{c}	1.55±0.05^{d}	1.33±0.01^{b,c}	2.70±0.05^{c}	0.97±0.01^{c}	1.73±0.04^{b}	0.19±0.02^{c}	0.72±0.03^{b}	2.06±0.03^{c}	2.13±0.06^{d}	1.02±0.02^{d}	2.64±0.03^{c}	1.23±0.01^{c}	1.15±0.03^{d}	3.07±0.02^{c}
200	3.20±0.11^{c}	2.66±0.08^{d}	10.62±0.33^{d}	1.52±0.02^{d}	1.30±0.02^{c}	2.58±0.04^{c}	0.90±0.01^{d}	1.58±0.03^{d}	0.16±0.01^{d}	0.66±0.02^{b}	1.97±0.04^{d}	2.00±0.05^{e}	0.93±0.02^{e}	2.31±0.03^{e}	0.97±0.01^{d}	0.74±0.03^{e}	2.95±0.02^{d}

注：干燥条件为 e—55℃、7.0m/s，f—55℃、7.5m/s，g—55℃、8.0m/s，h—55℃、8.5m/s。

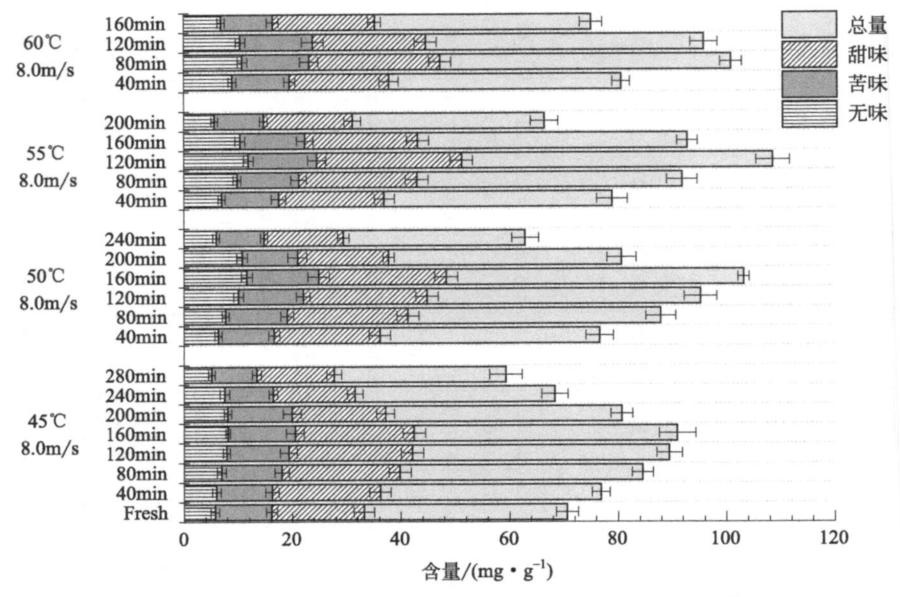

图 6-6 红外喷动床干燥过程中不同出风风温条件下香菇甜味、苦味、无味和总游离氨基酸的含量

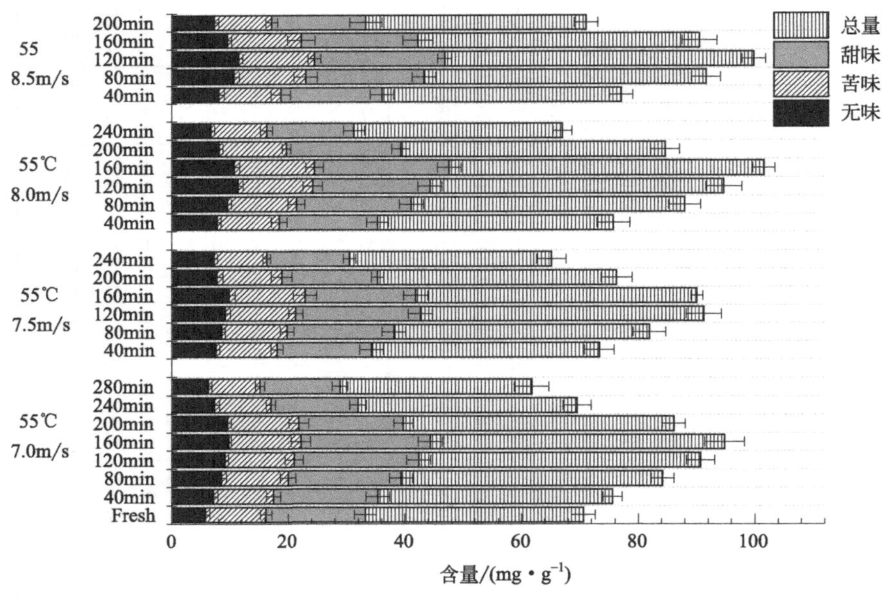

图 6-7 红外喷动床干燥过程中不同出风风速条件下香菇甜味、苦味、无味和总游离氨基酸的含量

6.4.5 干燥过程中有机酸的变化

香菇中有机酸的种类和含量与其滋味形成紧密相关。如表6-12所示，在香菇红外喷动床干燥过程中，酒石酸的含量最多（171.60～396.87mg/g干重），是香菇中主要的有机酸，呈现出先升高后降低的趋势，而冰乙酸的含量持续上升。柠檬酸的含量变化幅度不大，是因为与其他有机酸相比，其具有良好的热稳定性。干燥有利于释放更多的酒石酸和冰乙酸，可能是在干燥过程中，随着样品温度的升高，香菇中相关酶被激活，从而极大地促进了有机酸的形成。总有机酸含量随干燥时间的延长显著增加后开始降低，在干燥后期，有机酸的损失可能是由于热处理温度较高而发生了羧化反应。

表6-12 红外喷动床干燥过程中香菇有机酸含量的变化

干燥时间/min		有机酸含量/(mg/g干重)						
		富马酸	琥珀酸	冰乙酸	酒石酸	柠檬酸	苹果酸	总量
条件	鲜样	0.88±0.01	66.79±1.12	100.07±2.11	188.25±3.02	21.66±1.01	67.19±1.67	444.84±8.94
45℃ 8.0m/s	40	0.79±0.02[f]	77.72±1.03[e]	103.24±2.03[g]	191.37±1.67[f]	20.52±0.66[d]	69.40±1.23[e]	463.04±4.41[g]
	80	1.37±0.02[e]	86.25±1.22[d]	106.95±0.99[f]	215.94±2.15[e]	21.13±1.03[c,d]	69.79±1.59[e]	501.43±7.35[f]
	120	1.37±0.03[e]	149.14±1.56[b]	121.41±1.52[e]	229.58±1.06[d]	22.98±0.52[b]	76.20±1.02[d]	600.68±7.91[e]
	160	1.58±0.02[c]	160.02±2.03[a]	134.77±2.06[d]	269.60±2.03[b]	24.13±0.43[a]	100.60±0.95[b]	690.70±6.90[c]
	200	1.88±0.01[a]	133.65±1.66[c]	225.36±1.36[c]	368.17±1.88[a]	24.49±0.66[a]	131.00±0.94[a]	884.55±6.65[a]
	240	1.69±0.03[b]	132.24±1.62[c]	232.17±2.04[b]	249.60±2.02[c]	21.87±0.71[c]	90.48±1.61[c]	728.05±7.46[b]
	280	1.54±0.02[d]	74.39±1.82[f]	333.63±2.13[a]	171.60±1.94[g]	20.56±0.16[d]	74.82±0.65[d]	676.54±7.45[d]

续表

干燥时间/min		有机酸含量/(mg/g干重)						
		富马酸	琥珀酸	冰乙酸	酒石酸	柠檬酸	苹果酸	总量
50℃ 8.0m/s	40	0.97±0.04^{e}	118.18±1.54^{d}	103.61±1.35^{f}	195.46±2.30^{e}	21.26±0.82^{c}	69.20±1.66^{e}	508.68±7.33^{f}
	80	1.21±0.01^{d}	138.18±1.44^{c}	107.00±1.68^{e}	206.24±3.15^{d}	24.11±0.63^{b}	73.70±1.34^{d}	550.44±6.74^{e}
	120	1.22±0.02^{d}	159.79±1.32^{b}	114.32±1.42^{d}	255.16±2.00^{c}	24.47±0.35^{b}	74.71±1.67^{d}	629.67±7.86^{d}
	160	1.92±0.01^{b}	181.55±1.26^{a}	170.20±1.52^{c}	275.19±1.65^{b}	25.29±1.06^{b}	100.81±1.49^{b}	754.96±8.08^{b}
	200	1.98±0.02^{a}	103.08±1.44^{e}	225.97±1.22^{b}	319.12±1.56^{a}	26.87±0.91^{a}	140.91±1.43^{a}	817.93±7.30^{a}
	240	1.69±0.01^{c}	89.45±1.00^{f}	301.49±2.31^{a}	198.94±2.35^{e}	21.65±1.03^{c}	85.77±1.52^{c}	698.99±7.22^{c}
55℃ 8.0m/s	40	1.38±0.01^{e}	163.28±2.03^{e}	126.97±1.26^{d}	182.18±1.44^{d}	20.63±0.74^{d}	68.20±1.90^{e}	562.64±7.47^{d}
	80	1.58±0.04^{d}	280.53±2.66^{c}	129.73±1.91^{d}	210.58±2.06^{c}	21.33±0.62^{c,d}	114.64±1.20^{c}	758.39±7.45^{c}
	120	1.86±0.04^{b}	325.85±2.41^{b}	163.37±1.25^{c}	221.84±1.72^{b}	22.06±0.65^{c}	146.03±1.11^{b}	822.54±8.15^{b}
	160	1.93±0.03^{a}	350.43±2.51^{a}	172.82±1.66^{b}	332.65±2.31^{a}	23.56±0.83^{b}	188.23±1.28^{a}	1069.62±8.71^{a}
	200	1.76±0.03^{c}	216.05±2.30^{d}	281.58±1.54^{a}	219.84±2.55^{b}	26.61±0.34^{a}	90.72±1.39^{d}	836.56±8.04^{b}
60℃ 8.0m/s	40	1.26±0.02^{d}	89.36±1.02^{d}	107.57±1.38^{d}	245.12±2.12^{d}	21.68±0.38^{c}	100.31±1.61^{c}	565.30±6.56^{d}
	80	1.58±0.02^{c}	174.13±1.05^{c}	168.26±1.25^{c}	253.68±1.55^{b}	22.15±0.46^{c}	136.97±1.39^{b}	756.77±6.09^{c}
	120	2.50±0.01^{a}	315.91±2.04^{a}	217.57±1.91^{b}	376.68±2.30^{a}	28.73±1.07^{a}	203.77±1.58^{a}	1145.16±6.96^{a}
	160	2.01±0.01^{b}	270.05±1.76^{b}	243.86±1.36^{a}	249.41±1.46^{c}	26.65±0.20^{b}	94.26±1.74^{d}	886.24±8.08^{b}

续表

干燥时间/min		有机酸含量/(mg/g 干重)						
		富马酸	琥珀酸	冰乙酸	酒石酸	柠檬酸	苹果酸	总量
55℃ 7.0m/s	40	0.78±0.02^{g}	119.20±1.48^{f}	106.16±1.38^{g}	184.31±2.51^{g}	21.94±0.76^{e}	75.05±1.62^{g}	507.44±7.74^{g}
	80	1.18±0.01^{f}	155.05±1.26^{e}	114.23±1.49^{f}	242.04±2.22^{e}	26.59±0.51^{c}	127.10±1.37^{e}	666.19±7.11^{f}
	120	1.24±0.03^{e}	194.81±1.23^{d}	186.22±1.67^{e}	270.56±1.06^{d}	28.89±0.59^{a,b}	202.07±1.34^{c}	883.79±7.09^{e}
	160	1.72±0.02^{d}	281.69±2.31^{b}	260.60±1.53^{d}	299.44±1.53^{b}	29.38±0.82^{a}	227.88±1.42^{b}	1100.71±6.39^{c}
	200	1.88±0.03^{c}	352.76±3.01^{a}	276.49±1.55^{c}	374.05±2.06^{a}	29.90±0.73^{a}	231.26±1.43^{a}	1266.34±7.58^{a}
	240	2.43±0.02^{a}	261.69±2.05^{c}	395.38±1.42^{b}	283.16±1.94^{c}	28.01±0.62^{b}	165.30±1.49^{d}	1135.97±8.00^{b}
	280	1.98±0.04^{b}	259.63±3.00^{c}	466.01±1.69^{a}	208.53±1.44^{f}	23.32±0.39^{d}	98.74±0.99^{f}	1058.21±8.17^{d}
55℃ 7.5m/s	40	1.04±0.02^{f}	124.10±1.02^{e}	103.69±1.36^{f}	222.40±1.62^{d}	23.18±0.73^{c}	96.76±1.65^{f}	571.17±7.08^{f}
	80	1.62±0.02^{e}	223.50±2.03^{d}	113.77±1.62^{e}	240.01±2.19^{c}	23.75±1.04^{c}	124.84±1.59^{d}	727.49±7.50^{e}
	120	1.67±0.01^{d}	226.54±2.66^{d}	163.67±1.52^{d}	242.02±2.51^{c}	26.64±1.03^{b}	212.39±1.62^{c}	872.93±9.12^{d}
	160	2.01±0.01^{c}	231.96±1.88^{c}	186.43±1.51^{c}	318.03±2.04^{b}	28.69±0.66^{a}	237.61±1.38^{b}	1004.73±8.39^{c}
	200	2.53±0.03^{a}	296.41±1.93^{a}	369.82±2.08^{b}	396.87±2.67^{a}	29.60±0.73^{a}	297.07±1.66^{a}	1392.30±8.69^{a}
	240	2.31±0.01^{b}	290.33±2.56^{b}	423.27±2.16^{a}	223.78±2.33^{d}	25.91±0.85^{b}	121.25±1.77^{e}	1086.85±9.72^{b}
55℃ 8.0m/s	40	2.03±0.01^{e}	121.12±1.77^{e}	110.41±1.77^{e}	235.36±2.49^{e}	21.57±0.78^{c}	95.51±1.62^{e}	586.00±8.42^{e}
	80	2.45±0.02^{c}	240.99±1.61^{d}	204.48±1.94^{d}	239.86±1.26^{d}	22.59±0.76^{c}	117.59±1.36^{d}	827.96±8.24^{d}
	120	3.25±0.02^{b}	345.95±2.43^{a}	234.73±1.93^{c}	275.57±2.33^{b}	24.21±0.92^{b}	161.23±1.29^{b}	1044.94±7.93^{c}
	160	3.39±0.03^{a}	306.11±2.55^{b}	283.55±2.06^{b}	320.60±1.59^{a}	27.76±0.96^{a}	222.39±1.73^{a}	1163.80±8.28^{a}
	200	2.40±0.04^{d}	293.91±1.69^{c}	363.80±2.33^{a}	251.66±1.73^{c}	26.45±0.53^{a}	135.43±1.37^{c}	1073.65±8.05^{b}
55℃ 8.5m/s	40	2.22±0.04^{e}	238.19±1.85^{e}	133.23±1.65^{e}	251.41±2.66^{d}	22.33±0.79^{d}	134.44±1.94^{e}	781.82±8.08^{e}
	80	2.43±0.02^{d}	315.24±2.69^{c}	204.87±1.83^{d}	253.56±2.34^{d}	25.45±0.68^{c}	224.22±1.68^{c}	1025.77±9.69^{d}
	120	3.33±0.02^{b}	376.39±3.21^{a}	263.18±1.76^{c}	357.56±1.92^{b}	28.34±0.66^{a,b}	278.93±1.85^{b}	1307.73±9.67^{b}
	160	3.72±0.03^{a}	358.23±3.04^{b}	324.51±1.66^{b}	390.12±2.06^{a}	29.03±0.26^{a}	327.87±1.29^{a}	1433.48±9.15^{a}
	200	2.66±0.01^{c}	294.00±3.22^{d}	378.07±1.79^{a}	262.36±2.35^{c}	27.55±0.89^{b}	153.91±1.24^{d}	1118.55±8.84^{c}

6.4.6 等效鲜味浓度（EUC）的变化

鲜味氨基酸（谷氨酸和天冬氨酸）与呈味核苷酸（5′-GMP 和 5′-AMP）的协同效应能显著提高鲜味强度，根据公式得到不同干燥条件下的香菇 EUC 值如图 6-8 所示，干燥后的香菇的 EUC 值（89.56～326.16g MSG/100g）与鲜香菇的 EUC 值（89.06g MSG/100g）相比有升高的趋势，表明干燥后的香菇鲜味强度有所提高。Mau 等将食用菌风味 EUC 值分为四个级别：＞1000%（＞1000g MSG/100g）；100%～1000%（100%～1000g MSG/100g）；10%～100%（100%～1000g MSG/100g）；＜10%（＜10g MSG/100g）。鲜香菇的 EUC 值（89.06g MSG/100g）处于第 3 水平。随着干燥时间的延长，EUC 值呈现先显著增加再显著降低的趋势，干燥前期的香菇 EUC 值处于第 3 水平，随着干燥的进行上升至第 2 水平，在干燥后期香菇中的鲜味氨基酸和呈味核苷酸的含量降低，导致 EUC 值较干燥中期有所下降，但与新鲜香菇相比，处于上升趋势，表明适当升高干燥温度有利于提高香菇干制品的鲜味强度，且红外喷动床干燥能有效地保存香菇的鲜味成分。

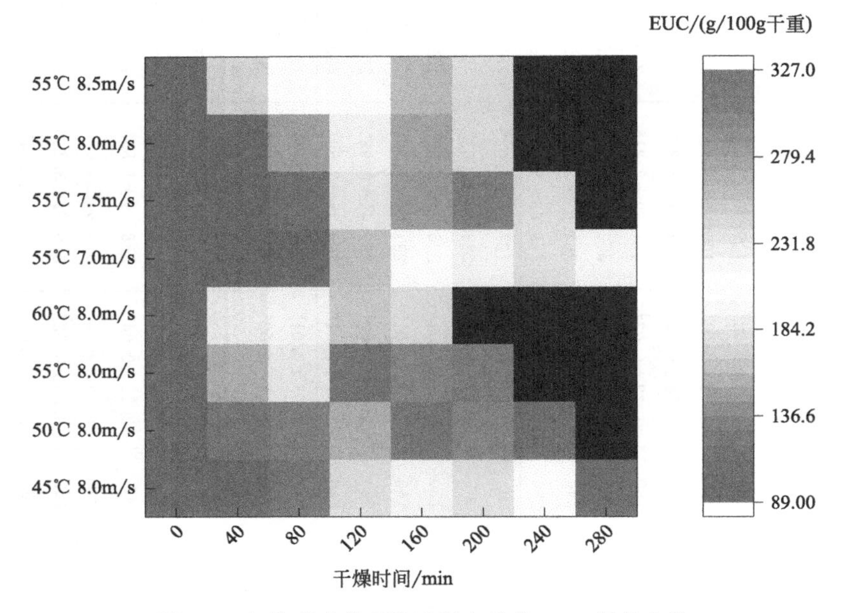

图 6-8 红外喷动床干燥过程中香菇 EUC 值的变化

6.4.7 小结

经高效液相色谱仪和全自动氨基酸分析仪检测发现，香菇经红外喷动床干燥后其可溶性糖（醇）和5′-核苷酸含量整体随温度和风速的升高有所增加，在干燥过程的中期达到峰值，干燥后期有降低趋势。香菇干燥过程中有机酸含量整体增加显著，温度越高，干燥后香菇的游离氨基酸总量增加越明显（$p<0.05$），最高达57.34mg/g。干燥后的样品甜味氨基酸、苦味氨基酸、鲜味氨基酸和无味氨基酸含量显著高于鲜样中的含量（$p<0.05$）。风味是评价食品品质的一个重要指标，红外喷动床干燥过程能很好地保留香菇中大多数风味成分，这有利于增强呈味物质之间的协同效应，从而丰富香菇的风味特征。

6.5 香菇红外喷动床干燥过程中的综合优化

为获得节能低耗和品质较优的干香菇，本试验采取红外与喷动床联合的新型干燥技术，对香菇干燥工艺及技术方法进行优化，以期得到节能低耗和优质的干香菇。通过在单因素试验基础上运用Box-Behnken Design优化试验，研究前期风温、转换点含水率和后期风温对香菇干燥的单位能耗、粗多糖含量、亮度L^*值和收缩率的影响，通过加权综合评分法推导多项式回归模型，优化红外喷动床干燥工艺参数，在节能保质前提下以期得到香菇优化干燥方法，提高香菇的商用价值，为相关研究提供理论参考。

6.5.1 试验方法

6.5.1.1 单因素试验

用单因素试验来分析前期风温、转换点含水率和后期风温对香菇品质的综合影响。在出风风速为8.0m/s条件下分别进行试验，试验分为3组，每组3次平行，记录各组的4项指标。

前期风温设定：设置前期风温为40℃、45℃、50℃、55℃、60℃，待含水率降至55%，转至后期风温60℃进行干燥。后期风温设定：前期风温为50℃，待含水率降至55%，设置后期风温为60℃、65℃、70℃、75℃、80℃。转换点含水率设定：设置前期风温为50℃，待含水率降至40%、45%、50%、55%、60%、65%，转为后期风温60℃。为和单因素前期风温保持一致，设置后期风温为 60℃。

6.5.1.2 响应面优化设计

根据单因素试验数据分析结果，在单因素试验基础上，根据 Box-Behnken 试验设计原理，以前期风温（A）、转换点含水率（B）、后期风温（C）3 个影响香菇红外喷动床干燥的主要因素为自变量，研究其与单位能耗、粗多糖含量、亮度 L^* 值和收缩率的关系。根据单因素试验，确定了各个试验因素，试验因素水平见表 6-13。

表 6-13 试验因素水平表

水平	因素		
	前期风温	转换点含水率	后期风温
1	40	45	60
0	50	55	70
1	60	65	80

6.5.1.3 加权综合评分法

本研究主要是探究一种节能保质的香菇干燥方式，故将单位能耗、粗多糖含量、亮度 L^* 值、收缩率这 4 个指标的重要性比例设为 4∶3∶2∶1 进行工艺优化，根据式(6-8) 和式(6-9) 计算综合评分，其中 $\sum_{w_j}=1$，设 $y_{j\max}$ 对应 100 分，$y_{j\min}$ 对应 0 分，越小越好的指标前应为“—”号，综合指标越大越好，单位能耗和收缩率都是越小越好，因此在计算综合指标时应在单位能耗和收缩率指标前加“—”号。

$$y_{ij}=\frac{y_{ij}-y_{j\min}}{y_{j\max}-y_{j\min}}\times 100\% \tag{6-8}$$

$$y_i'=\sum w_j y_{ij}' \tag{6-9}$$

式中，y_{ij} 为实际指标值；w_j 为指标的加权系数；y_{ij}' 为单个指标评分值；y_i' 为综合评分值。

6.5.1.4 数据分析

运用 Origin 8.5、SPSS 20.0 和 Design-Expert 8.0 软件对试验数据进行分析和作图。

6.5.2 前期风温对香菇品质的影响

由图 6-9 可知，香菇经红外喷动床干燥后粗多糖含量随前期风温的升高逐渐增大，在 60℃时达到最大值 9.33mg/g，与戈永慧等、王娅等的研究相比，经红外喷动床干燥的香菇中粗多糖保留率有所提升。香菇粗多糖含量与加热温度和干燥时间有密切关系，高温易引发美拉德和焦糖化反应，使得多糖降解为低聚糖和部分焦糖，造成含量下降。图 6-10 显示在前期风温条件下的温度曲线，物料在 60℃时，粗多糖保留率较高，说明在该温度条件下对物料的营养成分损失影响不大。红外喷动床干燥不存在明显的恒速干燥阶段，与 Szadziska 等的研究一致，表明在干燥过程中水分子的主要运动机制是扩散。因红外辐射的能量渗透到物料中转化的热量，减少了由外向内扩散的过程，加快水由内向外扩散的速度，且喷动床具有干燥均匀性较好的优势，使得物料受热均匀，从而缩短了干燥时间。单位能耗在 60℃时达到最小值 160.95kJ/g，干燥时间也随温度的升高而缩短，耗电量减少，因此单位能耗随温度的升高而下降。在前期风温 40～60℃范围内，随着温度升高，干燥时间由 260min 缩短至 180min，粗多糖损耗量较小，香菇物料干物质的质量逐渐增加，干物质中粗多糖的含量增加。在较高的空气温度下能迅速降低物料的含水率，干燥速率也随之提高，而低温则需要消耗更多的热能，导致干燥时间增加，单位能耗增加，加工成本也随之增高。选择合适的前期温度可有效降低能耗，保持良好的营养成分，增加产品经济效益。

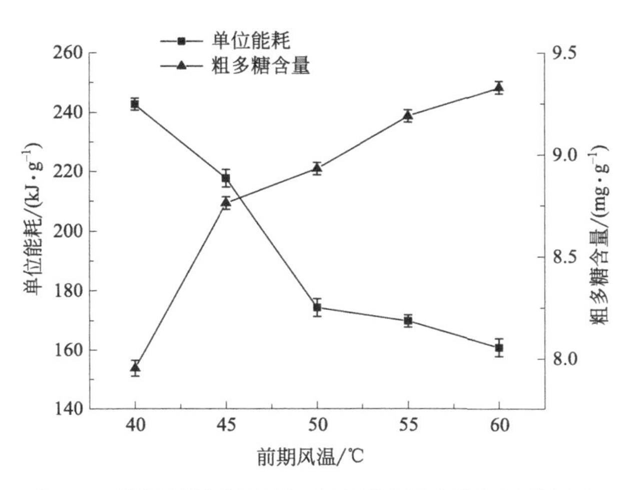

图 6-9 前期风温对香菇单位能耗和粗多糖含量的影响

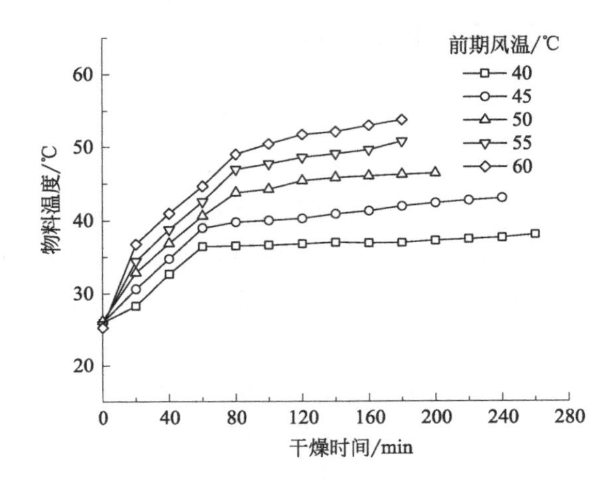

图 6-10　前期风温条件下的温度曲线

图 6-11 和表 6-14 表明，随着前期风温的增加，干燥后的香菇亮度 L^* 值和收缩率呈现先上升后下降的趋势，均在 55℃呈现最大值，分别为 69.70%和 91.43%。香菇亮度 L^* 值呈现此趋势与郭玲玲研究中结果一致。L^* 值间接反映样品的受热程度，本试验中 L^* 值差异显著（$p<0.05$）。采用红外喷动床进行干燥时，干燥箱内物料处于规律流动，能有效改善单一红外干燥方式引起的物料加热不均匀，避免美拉德反应造成褐变的发生。与红外热空气对流干燥方法相比，干燥后的香菇样品亮度有所提升。前期风温为 60℃时，样品的亮度 L^* 值较 55℃时有所下降，但高于 40℃条件下的亮度值，50℃较 55℃条件下亮度低，原因是在干燥过程中红外辐射及喷动床干燥对酶活性的影响和干燥时间较短，较高温度下达到转换点含水率较快，在一定程度上有效抑制了香菇的酶促褐变和氧化反应。样品亮度的增加，有助于保持样品的色泽，在低温下会延长干燥时间，进而易发生美拉德反应，亮度较低。b^* 值随温度的升高整体呈现降低趋势，说明香菇在此干燥方式下，由美拉德反应产生的焦煳现象不明显，褐变程度较小。皱缩率值越大，表明皱缩程度越明显，与干燥过程中水分扩散速率有一定关联。新鲜香菇初始含水率高达 86.06%，在较高温度下内部水分大量扩散蒸发，且红外辐射使水从样品内部迅速转移到表面，导致细胞膨胀，内外压差大，物料结构发生剧烈变化，随着温度的升高，出现皱缩。收缩率在 60℃条件下较 55℃有所下降，干燥时间随温度的升高而缩短，在较高温度条件下，物料受热均匀，内外结构压差减小，因此出现下降。低温会造成单位能耗增加，且产品品质较差。本试验旨在寻求低能耗、高品质的干燥条件，

能耗作为重要指标，综合考虑将50℃作为前期风温的较优水平。

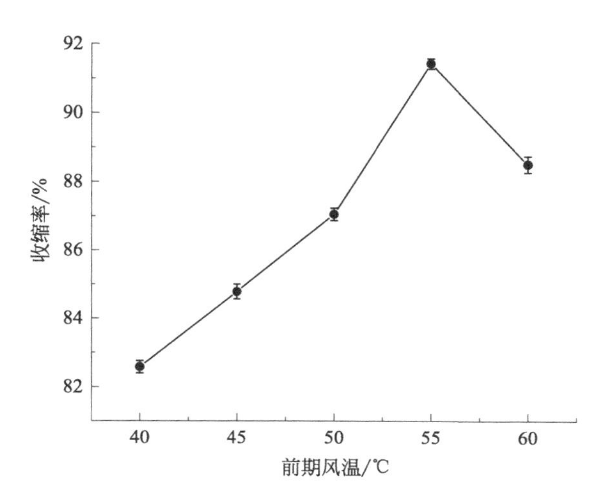

图 6-11 前期风温对香菇收缩率的影响

表 6-14 前期风温对香菇色泽的影响

前期风温/℃	亮度 L^*	红绿值 a^*	蓝黄值 b^*	彩度 C^*
40	66.45 ± 0.08^{e}	5.55 ± 0.84^{a}	18.40 ± 0.79^{a}	19.22 ± 0.99^{a}
45	67.78 ± 0.02^{d}	4.63 ± 0.03^{cd}	18.16 ± 0.07^{a}	18.74 ± 0.07^{b}
50	69.44 ± 0.02^{b}	5.30 ± 0.03^{ab}	18.20 ± 0.05^{a}	18.96 ± 0.05^{b}
55	69.70 ± 0.02^{a}	4.93 ± 0.31^{bc}	18.27 ± 1.05^{a}	18.93 ± 1.08^{b}
60	68.12 ± 0.11^{c}	4.49 ± 0.01^{d}	16.91 ± 0.06^{b}	17.49 ± 0.06^{c}

6.5.3 后期风温对香菇品质的影响

高温促进美拉德反应和焦糖化反应的发生，导致粗多糖含量下降。图6-12表明，60～70℃时，粗多糖含量随温度的升高而有所增加，后期风温70℃达到最大值10.44mg/g，高于前期风温60℃时的最大值9.33mg/g。温度逐渐升高，达到80℃时，粗多糖含量降至9.10mg/g，低于后期风温60℃时的含量，且下降趋势明显。温度过高，不利于干燥过程中营养成分的保留，多糖降解产生低聚糖和部分焦糖，使多糖含量有所损失，导致产品营养品质降低，不利于生产加工。单位能耗与前期风温结果趋势保持一致，随着温度的升高，物料温度也不断上升，干燥速率加快，能耗降低，自由水与弱结合水易被蒸发，且速度较快，因此干燥时间缩短，图 6-13 显示了不同后期风温下的干燥时间。由于强结合水需在高热量的条件下才会被蒸发，所以综合考虑应选取后期风温在较高条件下以使得产品营养成分保留率较高及干燥能耗较低，因此选取 70℃为较优水平进行工艺优化试验。

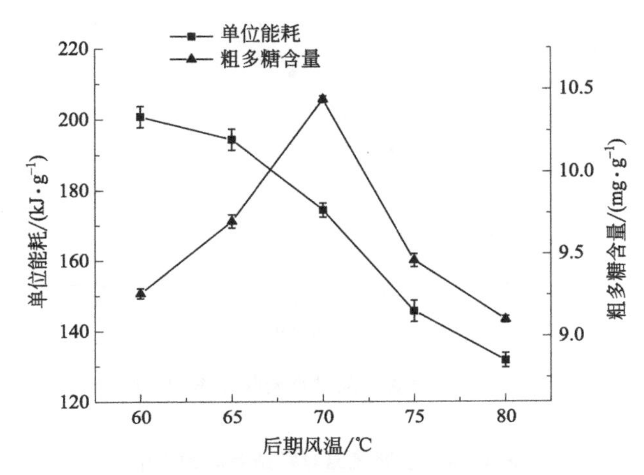

图 6-12　后期风温对香菇单位能耗和粗多糖含量的影响

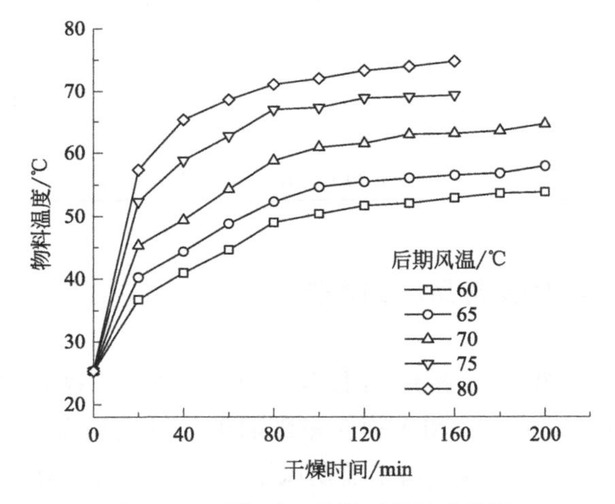

图 6-13　后期风温条件下的温度曲线

图 6-14 和表 6-15 显示了后期风温对香菇亮度 L^* 和收缩率的影响，L^* 随温度的升高持续下降，收缩率呈现先上升后下降的趋势。温度为 75℃时，香菇收缩最为明显，高达 88.89%，此时 b^* 处于最大值 19.93，说明香菇发生一

定程度的褐变反应，粗多糖含量的下降也表明了香菇发生糖降解，进而出现焦化现象，导致色泽偏黄，且差异显著（$p<0.05$）。虽然高温有助于加快干燥速率，降低能耗，但温度过高则无法保持香菇色泽处于良好状态。随着温度升高，结构中的细胞失水速率加快，细胞的孔隙也紧密皱缩，收缩率不断增大。香菇在干燥箱内呈现规律喷动的状态，温度促进干燥速率加快，干燥至一定程度的香菇丁易因喷动发生轻微破碎，也使得收缩率较大。因本试验注重绿色低耗的干燥工艺，单位能耗占比较大，综合考虑选取 70℃ 作为 0 水平进行试验。在单因素试验中，70℃时收缩率为 86.57%，L^* 值为 68.42。

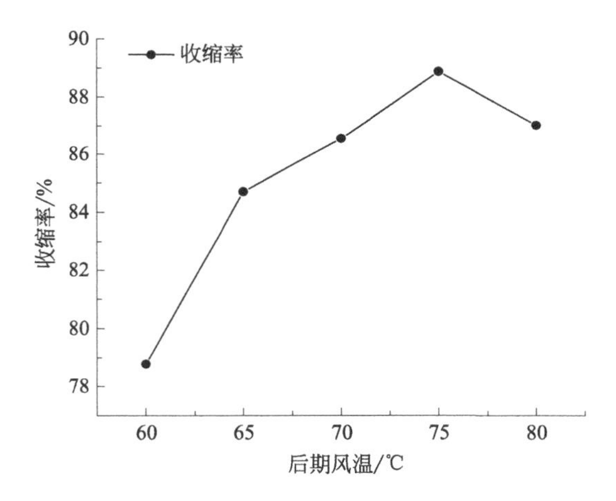

图 6-14　后期风温对香菇收缩率的影响

表 6-15　后期风温对香菇色泽的影响

后期风温/℃	亮度 L^*	红绿值 a^*	蓝黄值 b^*	彩度 C^*
60	71.83 ± 0.02^a	4.81 ± 0.05^c	16.01 ± 0.07^d	16.72 ± 0.06^d
65	70.46 ± 0.02^b	5.24 ± 0.08^b	17.70 ± 0.04^b	18.46 ± 0.01^b
70	68.42 ± 0.23^c	4.56 ± 0.03^d	16.65 ± 0.05^c	17.27 ± 0.05^c
75	66.69 ± 0.01^d	5.44 ± 0.41^a	19.93 ± 0.56^a	20.66 ± 0.54^a
80	65.45 ± 0.02^e	5.19 ± 0.03^b	17.93 ± 0.03^b	18.66 ± 0.03^b

6.5.4　转换点含水率对香菇品质的影响

由图 6-15 可知，单位能耗随转换点含水率的增大而逐渐下降，粗多糖含量呈现先增加后降低的趋势。设定前期风温为 50℃，后期风温为 60℃。经试验得转换点含水率越高，风温便越快转换为后期风温 60℃，转换后的温度升高使得反应速率加快，单位能耗随之呈现逐渐降低趋势，干燥时间随之缩短。物料的水分在干燥过程中同时进行外扩散和内扩散，扩散的速度差及物料内部的水分不均匀现象影响着能耗和干燥品质。转换点含水率越高，香菇在后期风温条件下干燥的时间占比越长，较高温度下干燥易使多糖发生降解，部分多糖转化为小分子低聚糖，而低聚糖吸收热能发生融化，多糖含量下降。在转换点含水率 55%时，粗多糖含量处于最大值 10.26mg/g，此后随着转换点含水率增大，粗多糖含量降低。在转换点含水率为 55%时，与 60%及 65%的转换点含水率相比，在较低的前期风温下干燥时间占比较长，多糖在低温下不易发生降解，在此状况下可能粗多糖含量所占比重增多，因此含量有所上升。红外喷动床干燥的香菇样品在转换点 55%时营养成分保留较好。对比程慧等采用热泵-真空联合干燥香菇得到最佳工艺条件下的单位能耗为 345.01kJ/g 及超声波-微波-红外辅助对流干燥物料所得单位能耗均高于本试验得到的单位能耗最大值 261.05kJ/g，红外喷动床的干燥速率较快，香菇经红外喷动床干燥至含水率为 13%以下时，用时最长为 260min，比三段式微波真空冷冻干燥、冷冻干燥、太阳能干燥、热风干燥及真空冷冻干燥等香菇干燥技术所用时间短，有利于节约生产加工成本。

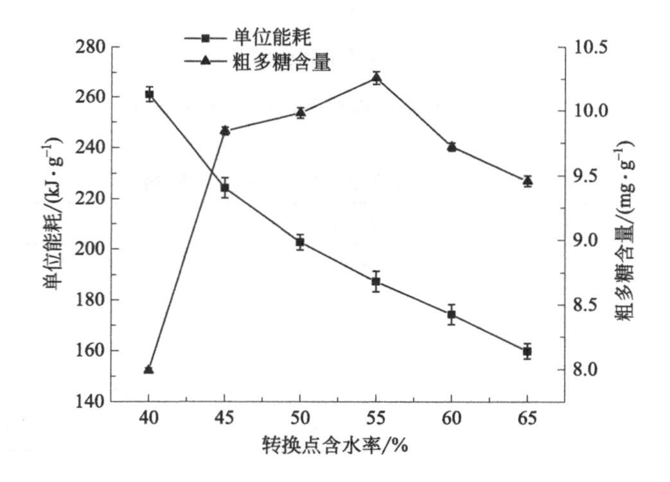

图 6-15 转换点含水率对香菇单位能耗和粗多糖含量的影响

图 6-16 和表 6-16 显示收缩率与亮度 L^* 随转换点含水率的增加呈现先增大后减小的趋势。本试验中 L^* 值差异显著（$p<0.05$），L^* 在转换点含水率

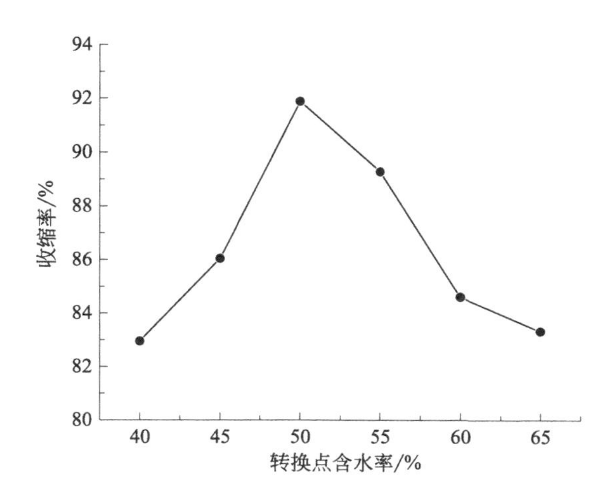

图 6-16　转换点含水率对香菇收缩率的影响

为 55%时，达到最大值 71.75。从 L^* 极差值得出，红外喷动床干燥条件下物料受热较为均匀，与图 6-17 所示的温度曲线结果一致。转换点含水率过高或过低都将对亮度造成影响，高转换点含水率能加快干燥速率，但在后期风温下干燥时间比前期风温干燥时间长，易发生美拉德反应、焦化现象等，b^* 在转换点含水率为 55%时呈现最小值 16.73，此条件下色泽较好。本试验中 L^* 值均优于中短波红外干燥及热风-微波分段联合干燥香菇所取得的亮度值，红外与喷动床相结合的干燥方式有助于改善物料的色泽。收缩率在转换点含水率 50%时，达到最大值。合适的转换点含水率能维持样品较好的形态，过高的转换点含水率会导致后期风温干燥时间过长，使样品结构的收缩加快，降低物料复水的能力。综合考虑，选取 55%转换点含水率为较佳，作为 0 水平进行试验。

表 6-16　转换点含水率对香菇色泽的影响

转换点含水率/%	亮度 L^*	红绿值 a^*	蓝黄值 b^*	彩度 C^*
40	69.25 ± 0.02^f	5.11 ± 0.03^d	17.42 ± 0.03^d	18.16 ± 0.04^d
45	69.64 ± 0.03^d	5.40 ± 0.03^b	18.58 ± 0.03^b	19.35 ± 0.02^b
50	70.68 ± 0.01^b	5.43 ± 0.03^a	18.93 ± 0.03^a	19.70 ± 0.03^a
55	71.75 ± 0.12^a	4.50 ± 0.04^e	16.73 ± 0.01^e	17.33 ± 0.01^e
60	69.89 ± 0.02^c	5.40 ± 0.03^b	18.58 ± 0.03^b	19.35 ± 0.02^b
65	69.52 ± 0.02^e	5.30 ± 0.03^c	18.21 ± 0.04^c	18.97 ± 0.03^c

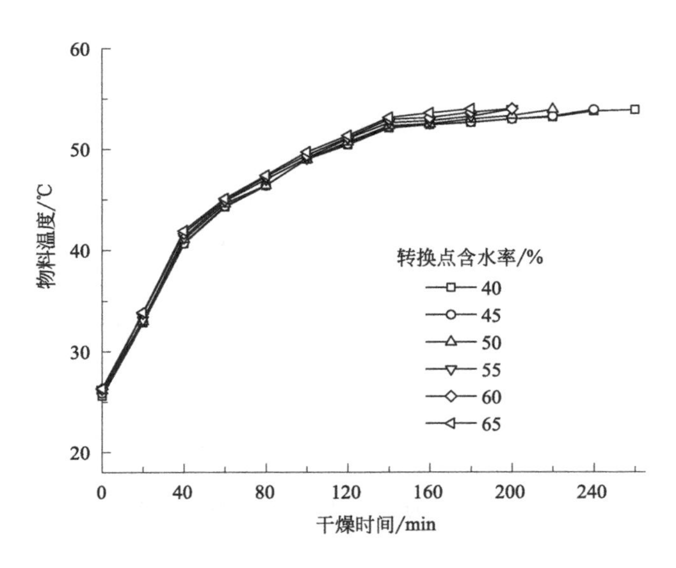

图 6-17 转换点含水率条件下的温度曲线

6.5.5 响应面优化设计

6.5.5.1 响应面试验设计和回归方程显著性分析

通过响应面法分析前期风温（A）、转换点含水率（B）和后期风温（C）3 个因素对单位能耗、粗多糖含量、L^* 值和收缩率的综合评分值，并进行优化设计，结果见表 6-17。

由表 6-18 可知，单位能耗回归方程的显著性 F 值为 2618.35，对应的 $p_F<0.0001$，表明该模型是极显著的；失拟项 F_{Lf} 为 0.34，对应的 p_{Lf} 为 0.7998（$p_{Lf}>0.05$），失拟项不显著，表明试验误差较小；单位能耗回归方程 R^2 为 0.9989，说明拟合度达到 99.89%，能较好地预测单位能耗；粗多糖含量、L^* 值及收缩率的 R^2 均高达 99.30%及以上。此外，由表 6-18 得到 3 个试验因素对单位能耗的影响主次为前期风温（A）>转换点含水率（C）>热风干燥温度（B）且 $C^2>B^2>A^2$；对粗多糖含量影响的主次为 $A>C>B$ 且 $A^2>C^2>B^2$；对色泽 L^* 值的影响主次为 $B>C>A$ 且 $A^2>B^2$；对收缩率的影响主次为 $C>A>B$。

表 6-17　响应面试验设计与结果

试验号	前期风温 A/℃	转换点含水率 B/%	后期风温 C/℃	单位能耗 /(kJ/g)	粗多糖含量 /(mg/g)	亮度 L^*	收缩率/%	综合评分值
1	0	−1	−1	223.28	9.53	68.7	86.25	−0.32
2	0	0	0	152.71	10.24	67.22	86.28	32.36
3	0	1	−1	185.88	9.09	64.02	92.24	−13.53
4	−1	0	−1	236.67	8.05	67.35	86.57	−34.92
5	1	0	−1	141.95	9.1	65.69	90.76	10.72
6	0	0	0	152.36	10.22	67.01	86.32	24.28
7	0	−1	1	185.17	9.43	68.12	85.21	7.92
8	0	0	0	153.71	10.33	67.19	86.26	33.37
9	0	0	0	151.71	10.36	67.25	87.31	33.34
10	1	0	1	177.9	9.12	69.44	78.3	24.21
11	0	0	0	151.71	10.2	67.23	87.33	28.52
12	−1	−1	0	210.55	8.98	67.46	82.58	−6.4
13	1	1	0	151.18	9.43	65.4	82.22	17.44
14	−1	1	0	142.65	8.5	67.74	91.23	9.98
15	−1	0	1	147.56	8.93	67.58	88.33	15.53
16	1	−1	0	135.28	9.18	69.87	86.51	31.07
17	0	1	1	170.73	9.87	68.56	82.69	22.78

表 6-18 单指标回归方程

指标	模拟方程	F 值	p_F 值	失拟项		校正决定系数 R^2
				F_{Lf} 值	p_{Lf} 值	
单位能耗	$Y_1=152.44-16.39A-12.98B-13.30C+20.95AB+31.27AC+5.74BC-3.89A^2+11.36B^2+27.46C^2$	2618.35	<0.0001	0.34	0.7998	0.9989
粗多糖含量	$Y_2=10.27+0.30A+0.20C+0.18AB-0.21AC+0.22BC-0.96A^2-0.28B^2-0.51C^2$	40.01	<0.001	2.70	0.1804	0.9954
亮度 L^*	$Y_3=67.18-1.05B+0.99C-1.19AB+0.88AC+1.28BC+0.30A^2+0.14B^2$	28.48	0.0003	1.49	0.3651	0.9938
收缩率	$Y_4=86.70-1.36A+0.98B-2.66C-3.24AB-3.56AC-2.13BC-0.84A^2$	9.58	<0.0001	4.01	0.1065	0.9966

由表 6-19 知，以综合评分值为响应值，经过拟合得到回归方程：综合评分值$=30.37+12.41A+0.55B+13.56C-7.50AB-9.24AC+7.02BC-8.84A^2-8.51B^2-17.65C^2$。该模型中 F 值为 36.19，$p<0.0001$，表明模型极显著。模型的校正决定系数 $R^2=0.9845$，表明经试验得到的综合评分值与预测值一致性较高；模型调整系数为 $R^2_{Adj}=0.9647$，试验值有 96.47%能完全解释预测值，只有 3.53%不能用该模型的预测值解释。由模型均值 F 检验可得前期风温（A）、转换点含水率（B）和后期风温（C）对香菇综合品质的影响主次为：$C>A>B$ 且 $C^2>A^2>B^2$。

表 6-19 综合评分值回归方程方差分析表

方差来源	平方和	自由度	均方	F 值	p 值
模型	5605.28	9	622.81	36.19	<0.0001
A	1231.32	1	1231.32	71.55	<0.0001
B	2.42	1	2.42	0.14	0.0188
C	1471.26	1	1471.26	85.50	<0.0001
AB	225.15	1	225.15	13.08	0.0085
AC	341.51	1	341.51	19.85	0.0030
BC	196.98	1	196.98	11.45	0.0117

续表

方差来源	平方和	自由度	均方	F值	p值
A^2	329.00	1	329.00	19.12	0.0033
B^2	305.07	1	305.07	17.73	0.0040
C^2	1311.60	1	1311.60	76.22	<0.0001
残差	120.46	7	17.21		
失拟项	58.17	3	19.39	1.25	0.4042
纯误差	62.29	4	15.57		
总离差	5725.74	16			
系数	$R^2=0.9845$	$R^2_{Adj}=0.9647$			

6.5.5.2 工艺参数优化与验证

通过软件分析单指标和综合指标的优化结果如表6-20所示。香菇红外喷动床干燥的综合指标优化工艺为前期风温56.37℃、转换点含水率52.52%、后期风温72.36℃，此时综合评分值为35.63。为考虑试验的可行性，将优化工艺参数调整为前期风温56.00℃、转换点含水率53.00%、后期风温72.00℃，在此条件下进行验证试验，得到单位能耗为143.52kJ/g、粗多糖含量9.98mg/g、色泽L^*值68.11、收缩率83.15%，综合评分值为(35.37±0.24)，与预测值拟合度达99.27%，相对误差约为0.73%，表明经该多元二次回归模型得到的工艺参数可靠系数高，较适合香菇红外喷动床干燥工艺。

表6-20 指标回归方程优化结果

指标类别	工艺参数优化组合			优化结果			
	前期风温/℃	转换点含水率/%	后期风温/℃	单位能耗/(kJ/g)	粗多糖含量/(mg/g)	亮度L^*	收缩率/%
单指标	40.39	62.76	79.59	133.72			
	51.39	55.64	71.79		10.31		
	59.94	45.02	71.02			69.94	
	58.72	64.36	79.79				73.80
综合指标	56.37	52.52	72.36	143.79	10.00	68.08	84.71

6.5.6 小结

本试验以单位能耗、粗多糖含量、亮度L^*值和收缩率为品质指标综合分析前期风温、转换点含水率和后期风温对香菇红外喷动床干燥的影响。在单因素试验中得出红外喷动床干燥方式在单位能耗、干燥时间及物料营养成分保留率等方面，与香菇单一干燥方式及其他联合干燥方式相比，具有一定的干燥优势。经优化得到干燥工艺为前期风温 56.00℃、转换点含水率 53.00%、后期风温 72.00℃，该工艺下单位能耗为 143.52kJ/g、粗多糖含量 9.98mg/g、色泽 L^* 值 68.11、收缩率 83.15%，综合评分值为（35.37±0.24），与预测值拟合度高达 99.27%。采用联合干燥装备——红外喷动床对香菇进行干燥，在一定程度上达到了能耗及品质方面的优质高效，解决香菇干燥中对干燥工艺及技术方法进行优化的需求，顺应香菇干制品的发展趋势，为香菇干制品的综合利用提供了理论基础。

参考文献

[1] 苏畅，李小江，贾英杰，等．香菇多糖的抗肿瘤作用机制研究进展[J]. 中草药，2019，50（6）：1499-1504.

[2] 周伟，凌亮，郭尚．香菇食药价值综述[J]. 食药用菌，2020，28（6）：461-465，469.

[3] 侯会，陈鑫，方东路，等．干燥方式对食用菌风味物质影响研究进展[J]. 食品安全质量检测学报，2019，10（15）：4877-4883.

[4] FAKHREDDIN S. Recent applications and potential of infrared dryer systems for drying various agricultural products：Areview[J]. International Journal of Fruit Science，2019，20（3）：1-17.

[5] 朱凯阳，任广跃，段续，等．红外辐射技术在农产品干燥中的应用[J]. 食品与发酵工业，2021，47（20）：303-311.

[6] THANTHONG P，MUSTAFA Y，NGAMRUNGROJ D. Production of dried shrimp mixed with turmeric and salt by spouted bed technique enter the rectangular chamber[J]. Journal of Physics Conference Series，2017，901（1）：1-4.

[7] 马立，段续，任广跃，等．红外-喷动床联合干燥设备研制与分析[J]. 食品与机械，2021，37（2）：119-124，129.

[8] 段续，张萌，任广跃，等．玫瑰花瓣红外喷动床干燥模型及品质变化[J]. 农业工程学报，2020，36（8）：238-245.

[9] ZHANG L，ZHANG M，MUJUMDAR A S. Development of flavor during drying and applications of edible mushrooms：A review[J]. Drying Technology，2021，39（11）：1-19.

[10] 刘静，翁小祥，奚小波，等．香菇干燥技术研究进展[J]. 包装与食品机械，2021，39（2）：37-44.

[11] 张海伟，鲁加惠，张雨露，等．干燥方式对香菇品质特性及微观结构的影响[J]. 食品科学，2020，41（11）：150-156.

[12] 国家卫生和计划生育委员会．食品安全国家标准　食品中水分的测定：GB 5009. 3—2016[S]. 北

京：中国标准出版社，2016.

[13] 段续，刘文超，任广跃，等．双孢菇微波冷冻干燥特性及干燥品质[J]. 农业工程学报，2016，32（12）：295-302.

[14] 段柳柳，段续，任广跃．怀山药微波冻干过程的水分扩散特性及干燥模型[J]. 食品科学，2019，40（01）：23-30.

[15] 农业部．食用菌中粗多糖含量的测定：NY/T 1676—2008[S]. 北京：中国农业出版社，2008：3-4.

[16] 林琳．银耳红外干燥特性及其品质研究[J]. 湖北农业科学，2019，58（10）：134-138.

[17] BANIN E，BRADY K M，GREENBERG E P. Chelator-induced dispersal and killing of pseudomonas aeruginosa cells in a biofilm[J]. Applied and Environmental Microbiology，2006，72（3）：2064-2069.

[18] CARDOSO R V C，CAROCHO M，FERNANDES Â，et al. Combined effects of irradiation and storage time on the nutritional and chemical parameters of dried Agaricus bisporus Portobello mushroom flour[J]. Journal of Food Science，2021，86（6）：1-12.

[19] GUO L Q，LIN J Y，LIN J F. Non-volatile components of several novel species of edible fungi in China[J]. Food Chemistry，2007，100（2）：643-649.

[20] DERMIKI M，PHANPHENSOPHON N，MOTTRAM D，et al. Contributions of non-volatile and volatile compounds to the umami taste and overall flavour of shiitake mushroom extracts and their application as flavour enhancers in cooked minced meat[J]. Food Chemistry，2013，141（1）：77-83.

[21] 卢晓烁，张毅航，方东路，等．香菇真空冷冻干燥过程中滋味物质动态变化及鲜味评价[J]. 食品科学，2021，42（20）：91-97.

[22] MAU J L. The umami taste of edible and medicinal mushrooms[J]. International Journal of Medicinal Mushrooms，2005，7（1-2）：119.

[23] 戈永慧，张慧，彭菁，等．热蒸汽烫漂联合热风微波耦合干燥香菇的工艺优化[J]. 食品工业科技，2020，41（13）：59-64，71.

[24] 王娅，姚利利，王颉，等．不同干燥方式对香菇品质影响的研究[J]. 食品研究与开发，2019，40（19）：38-41，58.

[25] SZADZISKA J，MIERZWA D. The influence of hybrid drying（microwave-convective）on drying kinetics and quality of white mushrooms[J]. Chemical Engineering and Processing，2021，167（1）：108532.

[26] ZHANG J，YAGOUB E，SUN Y，et al. Role of thermal and non-thermal drying techniques on drying kinetics and the physicochemical properties of shiitake mushroom[J]. Journal of the Science of Food and Agriculture，2022，102：214-222.

[27] LU X F，ZHOU Y，REN Y P，et al. Improved sample treatment for the determination of flavonoids and polyphenols in sweet potato leaves by ultra performance convergence chromatography-tandem mass spectrometry[J]. Journal of Pharmaceutical and Biomedical Analysis，2019，901（169）：245-253.

[28] 郭玲玲．香菇中短波红外干燥工艺及应用研究[D]. 长沙：湖南农业大学，2016.

[29] 王洪彩．香菇中短波红外干燥及其联合干燥研究[D]. 无锡：江南大学，2014.

[30] TIAN Y，ZHAO Y，HUANG J，et al. Effects of different drying methods on the product quality

and volatile compounds of whole shiitake mushrooms[J]. Food Chemistry，2016，197（A）：714-722.

[31] 程慧，姬长英，张波，等．香菇热泵-真空联合干燥工艺优化[J]. 华南农业大学学报，2019，40（1）：125-132.

[32] 聂林林，张国治，王安建，等．热泵干燥对香菇品质特性的影响[J]. 河南工业大学学报：自然科学版，2015，36（6）：59-63.

[33] ABBASPOUR-GILANDEH Y，KAVEH M，AZIZ M. Ultrasonic-microwave and infrared assisted convective drying of carrot：Drying kinetic，quality and energy consumption[J]. Applied Sciences，2020，10（18）：6309.

[34] MACHADO J C B，FERREIRA M R A，SOARES L A L. Optimization of the drying process of standardized extracts from leaves of *Spondias mombin* L. using Box-Behnken design and response surface methodology[J/OL]. Journal of Food Processing and Preservation，2021[2021-6-20]. https：//doi. org/10. 1111/jfpp. 15595.

[35] 靳力为，任广跃，段续，等．超声波协同作用对真空冻干杏脱水及其品质的影响[J]. 食品与发酵工业，2020，46（6）：133-139.

[36] OBAJEMIHI O I，OLAOYE J O，OJEDIRAN J O，et al. Model development and optimization of process conditions for color properties of tomato in a hot-air convective dryer using Box-Behnken design[J/OL]. Journal of Food Processing and Preservation，2020，44（10）：e14771[2021-6-20]. https：//doi. Org/10. 1111/jfpp. 14771.

[37] RAHMAWATI L，SAPUTRA D，SAHIM K，et al. Optimization of infrared drying condition for whole duku fruit using response surface methodology[J]. Potravinarstvo Slovak Journal of Food Sciences，2019，13（1）：462-469.